服装从业者岗前
实战丛书

女装
制板与工艺

穆雪梅 金 双 主 编
陶婉芳 兰 岚 副主编

U0211436

化学工业出版社

·北京·

《女装制板与工艺》主要内容有女装制板基础知识，女裙、女裤制板方法及结构变化原理，上衣衣身、领、袖结构变化原理，女衬衫、女套装、女大衣及连衣裙等各种时尚款式女装案例，女裙、女裤、女衬衫与女西装的缝制方法。本书既剖析理论又注重实践，强调基础款式与变化款式之间的结构转换关系，分析合理、内容翔实，在缝制工艺方面采用实物照片的形式，将样板制作与缝制工艺相结合，图文并茂、通俗易懂，具有较强的实用性和可操作性。

本书既可作为高等院校服装专业的教学用书，又可作为服装企业技术人员以及服装制作爱好者的自学参考书籍。

图书在版编目（CIP）数据

女装制板与工艺/穆雪梅，金双主编．—北京：化学
工业出版社，2014.8（2025.5重印）
ISBN 978-7-122-21230-6

Ⅰ．①女…　Ⅱ．①穆…②金…　Ⅲ．①女服-服装
量裁　Ⅳ．①TS941.717

中国版本图书馆CIP数据核字（2014）第148511号

责任编辑：李彦芳　　　　　　　　　　　装帧设计：史利平
责任校对：王素芹

出版发行：化学工业出版社（北京市东城区青年湖南街13号　邮政编码100011）
印　　装：河北延风印务有限公司
787mm×1092mm　1/16　印张14　字数342千字　2025年5月北京第1版第16次印刷

购书咨询：010-64518888　　　　　　　　售后服务：010-64518899
网　　址：http://www.cip.com.cn
凡购买本书，如有缺损质量问题，本社销售中心负责调换。

定　　价：39.80元　　　　　　　　　　　　　　版权所有　违者必究

前言

女装是服装制板中款式变化最多的、结构最复杂的，笔者根据多年在企业从事女装制板的经验，带领教学一线的骨干教师一起研讨编制了本书。书中的板型结构与工艺方法都是根据品牌女装企业的制板与生产工艺提炼和总结的，本书紧密围绕女性的体型特征，重点讲解了女装基本型的制板原理，并利用基本型绘制变化款式女装。服装结构设计原理是本书的重点，典型案例结构制板分析与现代企业女装制作工艺是本书的亮点，前面的理论阐述与后面的实例分析前后贯通，图文并茂，通俗易懂。

本书主要内容包括女装制板基础知识，女裙、女裤制板方法及结构变化原理，上衣衣身、领、袖结构变化原理，女衬衫、女套装、女大衣及连衣裙等各种时尚款式女装案例，女裙、女裤、女衬衫与女西装的缝制方法。本书还列举了女装企业生产工艺单的真实案例，使内容更加切合企业的生产要求。

本书可作为高等院校服装专业的教学用书，也可作为服装企业技术人员以及服装制作爱好者的自学参考书籍。本书的组织编写工作是在各级领导的关怀与支持下完成的，在此对帮助过我们的各位同仁表示感谢。

本书由穆雪梅、金双担任主编，由陶婉芳、兰岚担任副主编，同时感谢陈丽娟、刘怡在女裤、女衬衫工艺制作章节对本书的参与及帮助。

由于笔者水平有限，书中难免会有纰漏、错误与不足，欢迎服装行业的各位专家、各服装院校的老师与广大的服装爱好者批评指正。

穆雪梅

2014.6

目录

第九章 ○ 女装缝制工艺　　135

第一章
女装制板基础知识

 本章知识点

- 女体各部位结构特征、比例关系与服装之间的关系。
- 女装量体方法、女装规格设置与放松量的加放方法。
- 女装结构设计方法。

本章应知应会

- 了解女体是服装结构设计的依据，女装结构与女体形态二者的关系。
- 掌握女装规格的制订方法，正确理解女装放松量的加放原理与方法。
- 掌握女装结构的设计方法与种类，并能够正确地运用。

第一节 女装结构构成

在服装结构设计中，女装是变化最丰富、结构最复杂的，因为女体凹凸有致、曲线玲珑。女装结构设计就是在满足服装的功能性、舒适性和审美性的基础上表现女性的曲线美，所以女体是女装结构设计的核心与根本。女装结构设计所需要的长度、宽度、围度等数据都与女体的点、线、面相对应，只有了解女体的结构特征和活动规律，才能真正了解女装结构及其变化原理。

一、女性的体型特征

（一）女体各部位比例

女性身材具有特殊的曲线美和比例美，很多部位都体现出黄金分割比例。学习女装结构设计首先要了解女体结构的比例。虽然绘制服装设计效果图是采用8头身比例，但这是一种完美的女体比例，在现实生活中，不同国家和地区女体的比例关系也不尽相同。我国成年女子的身高一般为6.5 ～ 7个头长，女装结构设计一般采用的是160/84A的中间标准体尺寸规格。

（二）女体正面、侧面与横截面形态分析

1.女体正面形态分析

从正面观察，女体颈部纤细，肩窄而斜，臀部宽大，肩宽略窄于臀宽，构成了上窄下宽的体型特征。女体乳房凸出，胸凸点位置略偏外侧，并受胸衣影响较大。女体腰部纤细，且相对男体位置偏高，胸腰差及腰臀差都较大（图1-1）。

2.女体侧面形态分析

从侧面观察，女体颈部向前探出，前胸凸起明显，腹部浑圆，后腰凹进较大，后臀翘起凸出，成明显的"S"曲线。由于胸部凸起，背部较平，一般女性前腰节长于后腰节，前胸围大于后胸围。在腰围线以下，腹部凸起偏上，臀部凸起偏下。由于腹部凸起在前，臀部凸起在后，在平分腰围的情况下，后臀围大于前臀围。一般来说，女体胸高凸点与腹高凸点基本在一条线上，而后肩胛凸点也与臀凸点基本在一条线或臀凸略高（图1-2）。

3.女体横截面形态分析

根据对女体的上胸围横截面、胸围横截面、腰围横截面、中臀围横截面、臀围横截面的观察和对比分析，可以得出以下结论。

通过对比上胸围和胸围的横截面，可以看出女性胸部锥状凸起明显，乳峰位置凸出且凸点偏外侧，整体胸部横截面接近方形。

通过对比胸围、腰围和臀围的横截面，可以看出女性腰围较小，

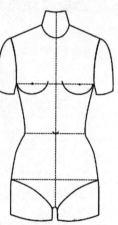

图 1-1

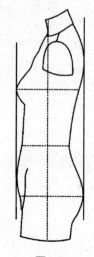

图 1-2

前面胸腰差明显、后面腰臀差明显，而腹部凸起不明显。

通过对比中臀围和臀围的横截面，可以看出女性前面腹部凸出且位置偏高，后面臀部凸出位置偏低，髋骨两侧凸出明显且位置偏前（图1-3）。

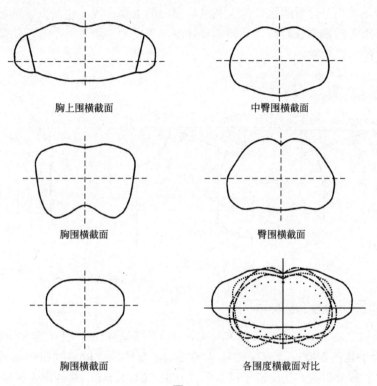

胸上围横截面   中臀围横截面

胸围横截面   臀围横截面

胸围横截面   各围度横截面对比

图1-3

二、女体与服装结构的关系

1. 颈部形态与衣领结构的关系

女体颈部呈上细下粗不规则的圆台状，这种圆台造型决定了衣领的基本结构。合体的立领结构就是圆台的侧面展开图，呈上领口小、下领口大的扇形结构。由于颈部向前倾斜的特点，所以领的宽度前后不同，基本上是后领宽、前领窄。女体颈部下端与躯干连接的截面近似桃形，这使前后领口的弧线形状不同，一般后领口略平、前领口弯曲（图1-4）。

2. 肩部形态与肩部结构的关系

女体肩端部呈球面状，前肩部呈双曲面状，肩部前倾，俯视整个肩部呈弓形。前肩斜约为21°，后肩斜约为18°。

女体肩部的形态特征决定了女装肩部的结构特征。由于肩部前倾，造成女装的前后肩斜不同，前肩斜要大于后肩斜。而肩部的弓形形状，使女装肩线向前弯曲，在结构上可以设置后肩省，或通过增加后肩线缝合吃量的工艺方法来解决（图1-5）。

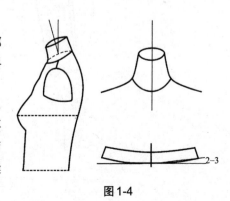

图1-4

3.胸背部特征与衣身结构的关系

女性胸部特征是女装结构设计的关键，由于女体胸部凸起，胸廓形状接近方形，所以女装胸背宽较小，侧面的窿门宽较大。女体胸部的凸起，使合体女装必须设置胸省来达到合体的目的，而胸省大小及位置的设计是女装结构变化的主要手段。由于女体前腰节要长于后腰节，前袖窿长小于后袖窿长，在女装结构设计中，需要考虑胸省大小与前后腰节及前后袖窿的平衡关系（图1-6）。

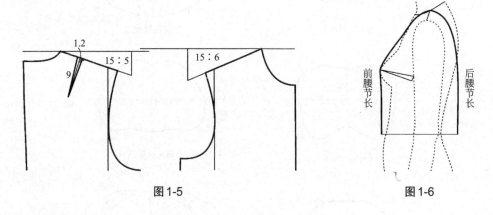

图1-5　　　　　　　　　　　　　　　图1-6

4.手臂形状与衣袖结构的关系

手臂的形状决定了女装衣袖的基本结构，由于肘部的弯曲，使上臂和下臂呈一定角度，所以为了符合手臂的形状，适应手臂活动的需求，合体袖一般将袖口中线偏前2～2.5cm，并且要通过收省或分割的方法使袖子符合手臂形状。例如合体一片袖设置肘省（图1-7）或合体两片袖设置前后袖缝，都在后袖缝处将袖口收进。

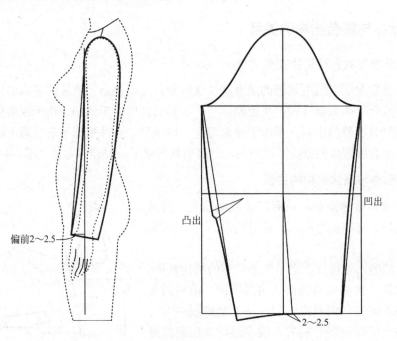

图1-7

5.女体腰臀部特征与裙、裤的结构关系

女体腰臀差较大，裙、裤结构一般需要通过设置省或裥来解决差量。省或裥的数量和大小需要根据腰臀差的大小来调整。观察女体侧面特征可知，女体腹部凸起小而高，臀部凸起大而低。所以女下装一般前省短而窄，后省长而宽。有些低腰结构的裙、裤结构，为了设计美观，也可不收省或裥。另外由于腹部凸起，后腰凹进，使女体前后腰线不在一个水平线上，呈现前腰高后腰低的情况，所以裙装后腰要低落。由于臀部凸起明显且位置偏下，使女裤后裆弯度大而长，前裆弯度小而直，且最低点在后裆处（图1-8）。

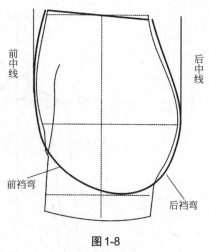

图1-8

第二节　女装规格制订

一、人体测量

俗话说"量体裁衣"，可见人体测量对服装结构设计的重要性。女体外表起伏明显的曲线特征是进行女装结构设计的依据。服装企业女装纸样设计通常选取标准女体的尺寸作为服装制板的规格，这是理想化的女体规格，不需要进行个别的人体测量。但是人体测量是服装设计者必不可少的一门技能，它能够帮助服装设计者了解人体结构特征，使服装板型更好地结合人体结构。

在进行服装结构设计时，要了解女性的体型特征，掌握女体运动规律，才能正确地设置女装规格尺寸，并有效地利用面料特性去表现服装款式与造型。

1.依据女体测量数据进行服装规格的设置

在女装结构设计中，人体的高度、长度、围度、宽度及各部位的比例关系是计算服装各部位尺寸的依据。如腰节长对应于腰节位置，颈围对应于领围，胸廓的形状是计算胸宽、背宽的参考，乳高和乳宽是计算胸高点的依据。肘部和膝部在上肢和下肢的位置关系是计算肘围线和膝围线的依据。

2.女体与服装相关的结构点、结构线、结构面

女体各部位按服装的构成需要，为方便测量可将女体的体表部位分别用假设的点、线、面来表示（图1-9）。

（1）头顶点：女体自然站立时，头顶正中的最高点。

（2）颈窝点：位于颈窝中点，是前中线与左右锁骨连线的交点位置。

（3）后颈点：是颈后第七颈椎凸点。

（4）颈肩点：颈外侧三角斜方肌前端，位于颈根围线与肩线的交点位置。

（5）乳点：也叫胸点，是乳头的中心点。

（6）肩端点：肩胛骨的肩端外侧的最突出点。

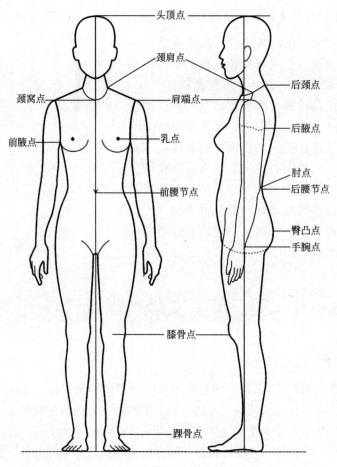

图 1-9

（7）前腋点：手臂自然下垂时，手臂前方与躯干的连接处。

（8）后腋点：手臂自然下垂时，手臂后方与躯干的连接处。

（9）肘点：手臂自然弯曲时最突出的点，位于尺骨上端最突出的位置。

（10）手腕点：桡骨下端的茎状突起点，是手腕部最突出的点。

（11）前腰节点：女体前中心线与腰围线的交点，是测量前腰节长的起点。

（12）后腰节点：女体后中心线与腰围线的交点，是测量后腰节长的起点。

（13）膝骨点：位于膝盖骨中点的位置。

（14）臀凸点：左右臀部最丰满处的点。

（15）踝骨点：腓骨外侧下端的突起点，是脚腕外侧的踝骨突起点。

3. 女体测量方法

女体各部位测量方法如图1-10所示。

（1）总体高：由头顶点量至脚跟，如图1-10（1）所示。

（2）衣长：前衣长由颈肩点通过胸部最高点，向下量至所需长度，如图1-10（2）所示。

（3）胸围：在腋下通过胸围最丰满处水平围量一周，垫入一个手指，如图1-10（3）所示。

（4）腰围：在腰部最细处水平围量一周，垫入一个手指，如图1-10（4）所示。

（5）颈根围：经过颈窝点、颈肩点和后颈点围量一周，如图1-10（5）所示。

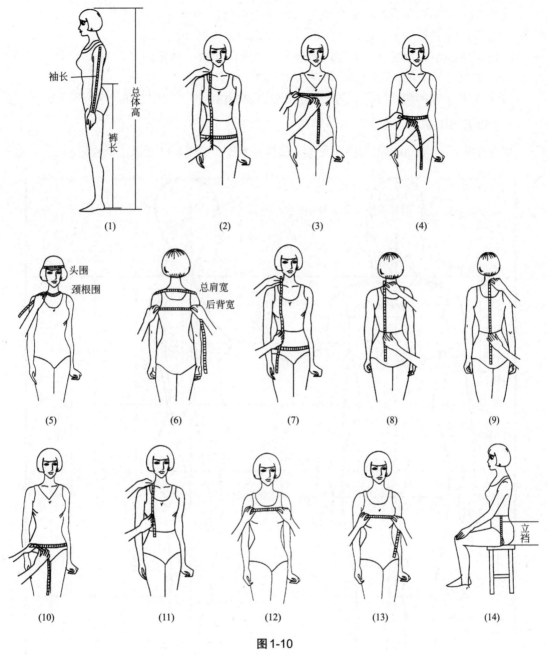

图1-10

（6）总肩宽：从后背左肩骨外端顶点量至右肩骨外端顶点，如图1-10（6）所示。

（7）袖长：从肩骨外端向下量至所需长度，如图1-10（1）所示。

（8）腰节长：前腰节长由右颈肩点通过胸部最高点量至腰间最细处，如图1-10（7）所示；后腰节长由右颈肩点通过背部最高点量至腰间最细处，如图1-10（8）所示。

（9）背长：由后颈点量至腰间最细处，如图1-10（9）所示。

（10）臀围：在臀部最丰满处水平围量一周，如图1-10（10）所示。

（11）裤长：由腰的侧部髋骨处向上3cm起，垂直量至外踝骨下3cm或按需要长度，如图1-10（1）所示。

（12）胸高：由右颈肩点量至乳峰点，如图1-10（11）所示。

（13）胸宽：量取前胸左右腋点的距离，如图1-10（12）所示。

（14）后背宽：量取背部左右腋点的距离，如图1-10（6）所示。

（15）乳距：两乳峰间的距离，如图1-10（13）所示。

（16）立裆：由侧腰部髋骨处向上3cm处量至凳面的距离，如图1-10（14）所示。

4.女体各部位基本尺寸

以女性常见号型160/84A为例，女体各部位基本尺寸如图1-11所示，单位为cm。

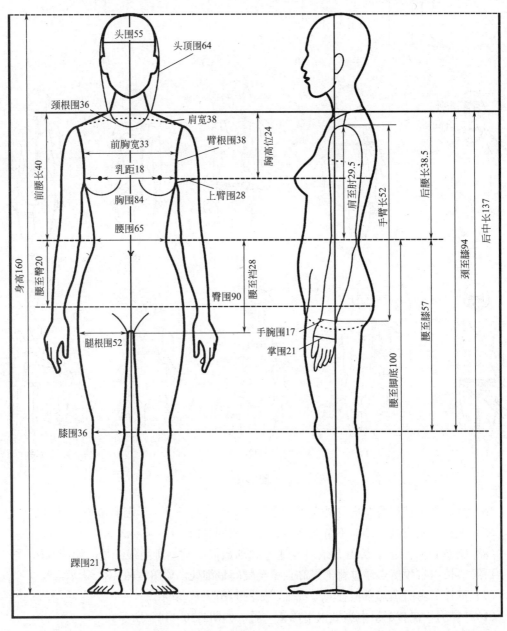

图1-11

二、女装号型的规格设置

在女装产业迅猛发展的今天，女装号型标准是女装生产规格设计的依据，是消费者选购服装的重要参考，是女装产品设计、生产、销售必须遵循的技术法则。我国由于南北方女性体型有差异，南方和北方号型标准及板型特征有些差别，一般来说，南方略小一些，北方略大一些。

1.服装号型

服装号型是根据正常人体的体型发展规律和使用需要，选出最有代表性的部位，经合理归并设置的。"号"指高度，以厘米（cm）表示人体的身高，是设计服装长度的依据；"型"指围度，以cm表示人体胸围或腰围，是设计服装围度的依据。人体体型类别也属于"型"的范围，以胸腰落差为依据将人体划分成Y、A、B、C四种体型（表1-1）。

按"服装号型系列"标准规定，在服装上必须标明号型。号与型之间用斜线分开，后接体型分类代号。例：160/84A，其中160表示身高为160cm的人体，84表示净胸围为84cm，体型分类代号A则表示胸腰差在18～14cm之间。

表1-1　女体体型分类　　　　　　　　　　　　　　单位：cm

体型分类代号	Y	A	B	C
胸腰差	24～19	18～14	13～9	8～4

2.服装号型系列

《服装号型标准》中身高以5cm分档，胸围、腰围以4cm或3cm分档，身高与胸围、腰围搭配分别组成5·4、5·3号型系列。由于数量较多这里只介绍A型体中的常见尺寸，并结合日本女装参考规格编制成表（表1-2）。

表1-2　女子号型参考尺寸表（A型　5·4号型系列）　　　　单位：cm

号型	身高	胸围	腰围	臀围	颈根围	背长	腰节	肩宽	袖长	裤长
145/72	145	72	54	79.2	31.6	35	38	36.4	46.5	87
150/76	150	76	58	82.8	32.4	36	39	37.4	48.0	90
155/80	155	80	62	86.4	33.2	37	40	38.4	49.5	93
160/84	160	84	66	90.0	34.0	38	41	39.4	51.0	96
165/88	165	88	70	93.6	34.8	39	42	40.4	52.5	99
165/92	165	92	74	97.2	35.6	39	42	41.4	52.5	99
170/92	170	92	74	97.2	35.6	40	43	41.4	54.0	102
175/96	175	96	78	100.8	36.4	41	44	42.4	55.5	105

3.女装放松量确定方法

女装放松量包括长度放松量和围度放松量，长度放松量主要是指装有松紧橡筋的服装腰口、袖口或下摆等部位隆起的放松量，也包括服装配里的加放量；围度放松量是指人体与服装间的空隙量，它是由于人体生理特征及运动规律以及穿着季节等因素决定的。

合体女装需要加放基本放松量，一般来说，人体胸围基本放松量为4～6cm，这包括人体呼吸量和基本活动量。臀围基本放松量为3～4cm，腰围的基本放松量为3～4cm，一般可由胸围减去12～16cm。

　　在女装结构设计中，根据款式和面料的不同，要适当调整放松量，如无领、袖的贴身礼服或连衣裙结构，在加放量上必须调小，只要满足基本呼吸量就可。对弹力面料也要适当减少放松量，对针织面料，由于面料弹力较大，设计要求贴体，不仅不留放松量，还要根据面料的性能适当减少。

第三节　女装结构设计方法

一、女装结构设计的作用

　　众所周知，女装产品是服装市场的主要组成部分，女装设计款式千变万化，并随着服装流行趋势的变化而不断更新，好的款式设计必须以科学、合理的结构设计为前提和保证，因此，女装结构设计的作用就显得尤为重要。服装结构设计就是根据设计图稿的设计风格和要求，把服装设计立体造型进行分解、展开成平面的衣片轮廓图的过程。这是一个再创造的过程，结构设计者不但要贯彻、表达、体现造型设计者的构思意图，还要结合人体结构特征对造型设计进行修改、完善，弥补造型设计的某些不足。使服装样板既能符合造型设计的效果，又能科学合理，符合人体穿着运动规律。

二、女装结构设计主要方法

　　按照结构设计方式的不同，女装结构设计可分为立体结构设计、平面结构设计、立体与平面相结合结构设计三种方法。

（一）立体结构设计

　　所谓立体结构设计，就是通过对服装设计图的立体造型进行分析、判断，确定服装结构的构成方式，具体的裁片数量、形态及各部位的配合关系，然后用布料或纸张在人台模型或人体上直接完成结构设计的过程。这个过程需要设计者对人体结构及服装造型有充分的了解，在人台或人体上边造型，边裁剪，并根据做出的三维立体效果不断修改，最终完成服装整体及部件的结构设计。

　　立体结构设计方法要求设计者非常熟悉女体体型特征，对服装平面制板有一定的了解，具备良好的空间想象力和立体造型能力，熟悉服装面料性能并有一定使用经验。

　　立体结构设计方法适用于晚礼服、舞台装等复杂立体造型的服装设计，适用丝绸、丝绒、雪纺等轻薄柔软面料。因为其设计成本高、效率低，在高级时装制作、舞台走秀或表演服装领域中多有应用。

　　立体结构设计方法有以下几方面优点。

　　（1）立体结构设计方法直接在人体或人台上进行造型，可以随时观察服装造型状态，方便及时修改，在不断完善的过程中，做出满意的服装造型。

　　（2）立体结构设计方法用布料直接造型，可以将布料的物理性能与服装造型很好地结合，更好地发挥面料的特性来辅助服装设计。尤其是对于造型中有悬垂、褶皱的设计更方便

进行结构造型。

（3）立体结构设计方法能够预先判断服装穿着时的面料变形而产生的褶皱，对面料斜裁方法和一些非纺织面料进行结构造型有直接的效果。

（4）立体结构设计方法不需要制板公式，不受各项数据的束缚，可以完全凭经验在人台上进行创作，因此，能够启发设计灵感、开阔思路。

（二）平面结构设计方法

平面结构设计方法是以服装造型设计提供的服装款式效果图为依据，运用科学的立体几何和数学知识，总结出平面结构与服装立体造型的相互转换规律，将人体的三维立体曲面转化为二维纸样平面制图的技巧与方法。即直接在平面的纸上或面料上，根据服装款式，运用一定的计算方法，绘制服装平面制图的设计方法。

平面结构设计方法是建立在大量的实践经验积累的基础上，具有时间短、效率高、成本低、灵活、方便、理论性强的优点，应用十分广泛。但是由于不能直接观察纸样组合成服装的立体形象，影响了制板的准确性。在实际应用中，通常采用假缝——立体检验——补正的方法进行修正。

平面结构设计方法应用广泛，具体有以下几种方法。

1. 比例公式法

比例公式法是根据人体的基本部位（身高、胸围、腰围、臀围等）与各细节部位之间的比例对应关系，确定出由基本部位表述的各细节部位的计算公式，运用计算公式完成制图的一种方法。由于多以胸围与各部位的比例关系来确定公式，也称胸度法。

2. 实寸法

实寸法又称为"短寸法"，它是一种首先准确测量人体的前胸、背部、肩部、腰节等各部位的长度、宽度、厚度和斜度的尺寸或者某特定服装的细部尺寸，然后按照这些数据进行结构制图的方法。这种方法常用于制作高度贴合人体的服装结构图，在服装的定做加工中较多使用，也适合于特体服装和高档服装的裁剪。

3. 原型法

原型法是以能够表达人体最重要部位尺寸的简单结构原型为基础，通过变化、分割、剪切、折叠、拉展等技术手段，得到不同造型服装结构图的方法。原型法应用最广泛的地区是日本，我国目前服装教学中也普遍使用这种方法。由于生活地区、种族之间体型的差异，原型也有很多类别，如日本原型、美式原型、英式原型、中式原型等。各种原型制图方法的差异虽然较大，但其原型的应用原理都是相同的。

原型法在使用上简单易懂，比较方便，只需要做出设定规格的原型，各种款式服装结构都可以在原型基础上进行结构变化，尤其适用于款式多变的女装结构，它不仅适用于个人的单件裁剪，也适用于大批量的服装企业生产。

4. 基型法

基型法是以所要设计的服装品种中最接近款式的服装纸样作为基型，对基型做局部造型的调整，最终作出所需服装款式纸样的方法。基型法制板是服装企业依据大量生产实践，运用比例法和定寸法总结出的基本板型，实用性更强，更符合市场需求。

（三）立体与平面相结合结构设计方法

在实际运用中，平面结构设计与立体结构设计两种方法各有优缺点，比如立体结构设计法在技术上难度大，要求操作者具备较高的技术水平和艺术修养，而且还需要具有足够的耐心和时间，为了完成一次结构设计往往需要在人体模型上反复修改无数次。由于必须采用人体模型和面料，设计的成本很高，因此，这种方法多用于造型难度大、合体程度要求较高的服装，或特殊体型服装的弥补修正等。

而平面结构设计方法不适合表现复杂多变的款式，只有放在人体模型上设计才能达到设计的意图。

因此，在生产实践中，往往将两种方法相结合来使用，如在使用立体结构设计方法时，在标准人体模型上做出了坯样，需要用平面结构的方法做修改，最后才能定板。在使用平面结构设计方法时，对复杂的立体形态用立体结构设计的方法来辅助制板，能够提高准确性，节省试样时间。

服装制板是服装设计过程中再创作和设计的过程，它与款式设计及后期的工艺设计密不可分。而板型的结构设计无疑是这一切的基础和保证。在制板过程中，人体结构是板型结构设计的根本，而所有的制板方法都是服装结构原理的一种表达方式。因此，学习了解结构设计原理，将平面和立体两种结构设计方法相融合是服装制板的最佳选择，也是调整样板、指导生产的必然途径。

第二章
女裙结构设计

 本章知识点

- 女裙的分类。
- 女裙结构原理。
- 女裙基本型及常见款式纸样设计。
- 女裙结构变化纸样设计。

本章应知应会

- 掌握女裙基础纸样的设计原理。
- 掌握常用女裙结构制图的方法及要领。
- 掌握女裙变化款式纸样设计的原理与方法，能灵活运用，举一反三。

　　裙装是女下装的基本形式之一。它的结构比较简单，是由裙长、腰围、臀围、摆围共同构成的立体造型。但是裙子款式变化很多，表现形式极为丰富，只有在学习裙子基本结构的基础上，了解裙子结构设计及其变化规律，才能真正掌握裙子的结构设计方法。

第一节　女裙的分类

　　裙子是女性服装中款式变化最多的品类，种类繁多，通常有以下几种分类方法。

一、按长度分类

　　女裙按长度分类，如图2-1所示。
　　（1）超短裙：也称迷你裙，长度至膝盖以上20cm处。
　　（2）短裙：长度至大腿中部。
　　（3）及膝裙：长度至膝盖上下。
　　（4）中长裙：长度至膝盖以下。
　　（5）长裙：长度至小腿中部。
　　（6）曳地裙：长度至地面或根据需要确定裙长。

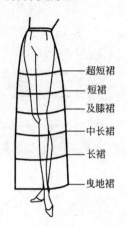

超短裙
短裙
及膝裙
中长裙
长裙
曳地裙

图2-1

二、按腰部的形态及位置分类

　　女裙按腰部的形态及位置分类，如图2-2所示。
　　（1）装腰裙：装腰头。直腰头一般位于人体腰部最细处，腰宽3～4cm。
　　（2）无腰裙：没有装腰，腰口反面有贴边。
　　（3）连腰裙：腰头连在裙片上，腰口反面有贴边。
　　（4）低腰裙：腰线位于腰围线下方，装腰头为弧形腰。
　　（5）高腰裙：腰线位于腰围线上方，腰头较宽。

装腰裙　　无腰裙　　连腰裙　　低腰裙　　高腰裙

腰围线
臀围线

图2-2

三、按结构分类

　　女裙按结构分类，如图2-3所示。
　　（1）直筒裙：是女裙的基本形式，在职业装中应用较多，如西服裙、一步裙等。
　　（2）斜裙：外形呈喇叭型，穿着轻松自然，动感较强，如A型裙、波浪裙、圆裙等。
　　（3）多节裙：由多层结构组合而成的裙装。多节裙结构多变，形式多样，在礼服和生活装中都可采用。

| 直筒裙 | 斜裙 | 多节裙 | 六片分割裙 |

| 波浪分割裙 | 双裥分割裙 | 百褶裙 | 鱼尾裙 | 育克裙 |

图2-3

（4）分割裙：分竖线分割与横向分割两种形式。竖线分割有六片分割裙、八片分割裙等。横向分割有两层、多层等拼接结构裙。

（5）褶裙：由各种形式的褶、裥组成的多裥裙、多褶裙、百褶裙。

（6）组合裙：采用各种分割形式、省道转移、褶裥变化结构的组合裙。如鱼尾裙、育克裙等。

第二节 女裙结构设计原理

一、女裙基型制板

1.女裙基型的量体与加放

（1）腰围：在腰部最细处水平围量一周，一般加放0～2cm。

（2）臀围：在臀部最丰满处水平围量一周，基本加放量为3～4cm。

（3）裙长：从腰围线侧面垂直向下量至膝盖下方。

（4）臀高：腰围到臀围的距离，一般为18cm。

2.女裙基型的制板规格

女裙基型的制板规格见表2-1。

表2-1 女裙基型制板规格表 单位：cm

号型	部位	裙长	腰围	臀围	臀高
160/68A	规格	58	68	92	18

3.女裙基型主要部位制图计算公式

女裙基型的主要部位制图计算公式见表2-2。

表2-2　女裙基型主要部位制图计算公式　　　　　　　　单位：cm

部位	尺寸或公式	部位	尺寸或公式
裙片长	裙长-腰宽（3）=55	后臀围大	$H/4$
臀高	18	前腰围大	$W/4+0.5+$省量
前臀围大	$H/4$	后腰围大	$W/4-0.5+$省量

4.女裙基型的制板方法

女裙基型的制板方法和步骤如下。

（1）前中线：是前片的中心线，是画腰围和臀围的基础线。

（2）后中线：平行前中线画一条平行线，与前中线距离要大于$H/2$。

（3）上平线（腰围线）：垂直前中线作水平线。

（4）下平线（裙长线）：垂直前中线作另一条水平线，与上平线距离为裙长-腰宽（3）=55cm。

（5）臀围线：由上平线向下量取18cm，做上平线的平行线。

（6）前臀围大：由前中心线向左量取$H/4$，做前中心线的平行线。

（7）后臀围大：由后中心线向右量取$H/4$，做后中心线的平行线。

（8）侧缝起翘线：由上平线向上量取0.7cm，做上平线的平行线。

（9）前腰围大：由前中心线在上平线上向左量取$W/4+0.5+$省（3cm），并与侧缝起翘线相交。

（10）后腰围大：由后中心线在上平线上向下低落1cm，然后向右量取$W/4-0.5+$省（4cm），并与侧缝起翘线相交。

（11）前侧缝线：由前腰围大画至臀围线，中间凸起约0.3cm，然后顺延至下平线。

（12）后侧缝线：由后腰围大画至臀围线，中间凸起约0.3cm，然后顺延至下平线。

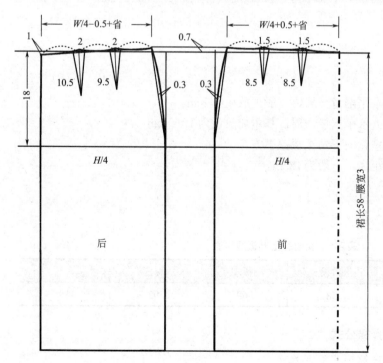

图2-4

（13）前腰省：将前腰围大三等分，垂直腰线做两个省，省长都是8.5cm。

（14）后腰省：将后腰围大三等分，垂直腰线做两个省，侧面省长为9.5cm，后面省长为10.5cm。

5.女裙基型结构制图

按上述制板方法及步骤可得到如图2-4所示的女裙基型的结构制图。

二、女裙结构设计方法及原理

1.女裙腰围、臀围放松量的加放

裙腰围的加放量要考虑基本呼吸量和穿着的适体性与舒适性，一般为0～2cm。女裙结构因为没有裆部结构的牵制，在臀围的加放上只要有基本活动量就可以，当人体下蹲时臀围比站立时增加约3cm，所以合体裙臀围加放3cm即可。

2.女裙裙衩的设定

直筒裙因为下摆围度与臀围相当，在裙长超过40cm时，为了满足人体下肢的基本活动量，必须设置开衩。一般开衩设置在臀围下20cm处，开衩的位置可以设置在后中、前侧、后侧或侧缝。

3.女裙裙省的设定方法

收省是裙子解决腰臀差量的主要方法，裙省的数量及大小由腰臀差的大小决定，当腰臀差较大时，如大于24cm，则每个裙片要设置两个省，当腰臀差小于24cm时，每个裙片可以收一个省。受省的长度限制，单个省量的大小一般不超过3cm。由于人体后臀凸起明显且位置偏低，前腹凸起不明显且位置偏高，所以裙省的大小为前省小而短，后省大而长。相对收省而言，由于人体侧面臀部凸起明显，所以侧缝处的收腰量一般要大于单个省量（图2-5）。

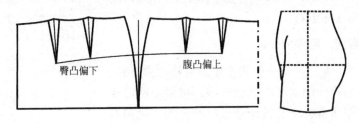

图2-5

4.女裙裙摆大小与腰线翘度的关系

根据裙子立体造型展开成平面图来看，裙下摆越大，则腰线起翘越大，下摆越小，则腰线起翘越小。裙下摆大小与腰线翘度呈正比例关系（图2-6）。

5.女裙廓型与省量大小的对应关系

裙子的基本廓型由裙长及腰围、臀围和摆围组成，当裙子呈直筒型时，因为腰部有很多的空余量，需要通过收省的方法使裙腰部收进；当裙子呈圆台型时，因为腰部的自然收进，收省量可以减少，当下摆逐渐增大时，收省量逐渐减少直至消失（图2-7）。

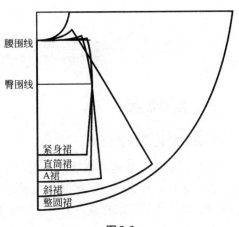

图2-6

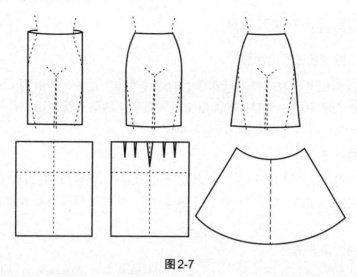

图2-7

6.女裙腰线的结构设计

从人体腰臀部体型特征看，前面腹部凸起，而臀部后腰中心有明显凹陷，使人体前后腰线不水平，呈现前腰高、后腰低的情况，所以裙装的后腰中心要下落0.5～1cm，根据臀凸的高低调节（图2-8）。

7.女裙前后臀围、腰围的分配

在前后臀围的分配上，裙子结构由于没有裆部的牵制，所以在前、后臀围的分配上可以灵活一些，可采用前后臀围相等，也可根据体型特征及设计要求进行分配，比如对

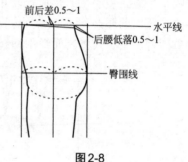

图2-8

于腹凸较大者，前臀围可大些，后臀围可小些。在前后腰围的分配上，由于腹部凸起在前，臀部凸起在后，当前后臀围平分的情况下，前腰围大一些，后腰围小一些，这个差量可以通过前后省量大小来调节（图2-8）。

第三节　女裙基本款式制板

一、筒裙制板

1.筒裙的款式特征分析

筒裙，也称一步裙或直裙，是女裙中最基本的款式，它裙身平直，前后裙片各收一个省，腰部贴身，臀部微松，裙摆与臀围在正面看宽度基本相等，后中下摆处有开衩，外形线条优美流畅，是正式场合或办公着装的常见款式（图2-9）。

2.筒裙的规格制订

筒裙的规格见表2-3。筒裙穿着合体，腰围位置可以略低，各部位加放较小，腰围不加放，臀围加放量为2cm，裙长一般在膝盖偏下一点的位置。

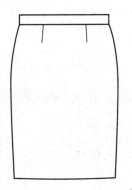
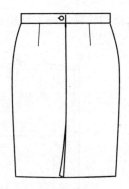

图2-9

表2-3　筒裙制板规格表　　　　　　　　单位：cm

号型	部位	裙长	腰围	臀围	臀高
160/68A	规格	58	70	90	18

3.筒裙的制板方法

（1）结构制图。参照女裙基型的制板方法，可以得到筒裙的结构制图，如图2-10所示。

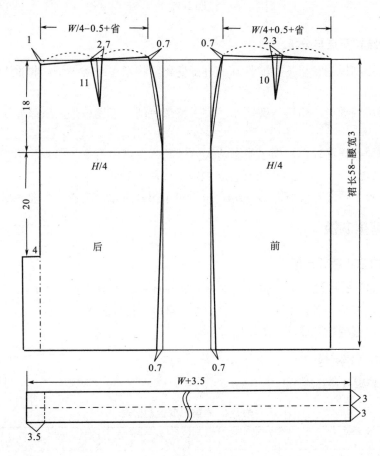

图2-10

（2）放缝图。筒裙的放缝如图 2-11 所示。

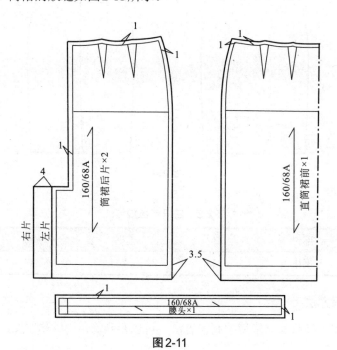

图 2-11

4.筒裙的结构要点与分析

（1）本款裙制板是在裙基型的基础上进行变化，将裙省减为一个，收拢下摆，并设置后开衩。

（2）从筒裙外观看，裙摆与臀同宽。由于臀部浑圆，下摆扁平，所以要在裙摆侧缝处去掉 0.7cm。

（3）由于筒裙裙摆较小，为了不影响人体活动，在后中设置了裙衩，裙衩位置一般由臀围线向下量取 20cm。开衩位置也可设置在侧缝、前侧或后侧。

（4）本款裙子腰臀差较小约为 20cm，所以每个裙片设定一个省，且前小后大。

二、A 型裙制板

1.A 型裙的款式特征分析

A 型裙腰部与臀部较合体，臀部以下自然展开外形呈 A 型，款式简单大方，一般裙长较短，可不设开衩。A 型裙每个裙片各设一个省，装腰头，侧缝处装拉链（图 2-12）。

图 2-12

2.A 型裙的制板规格

A 型裙的制板规格见表 2-4。

表 2-4   A 型裙制板规格表

单位：cm

号型	部位	裙长	腰围	臀围	臀高
160/68A	规格	50	70	90	16

3.A型裙的制板方法

参照女裙基型的制板方法，可以得到A型裙的结构制图，如图2-13所示。

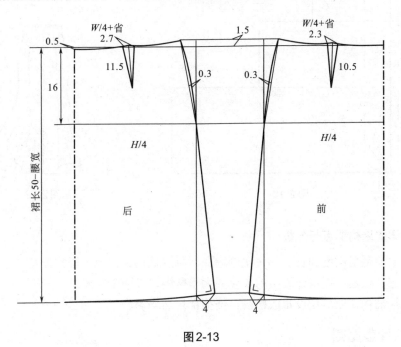

图2-13

4.A型裙的结构要点与分析

（1）A裙腰位略低，裙长一般较短，下摆张开，所以一般可不设开衩。

（2）A裙因为下摆增大，所以腰省可以减少，下摆增大越多，腰省减少越多。

（3）A裙外形呈圆台型，所以侧缝起翘量增加，下摆越大，则侧缝起翘量越大。

三、多节裙制板

1.多节裙的款式特征分析

多节裙，又称塔裙、节裙，特征是装腰，腰上装松紧，多节裙共分三层，从上至下一层比一层长，一层比一层大，每条拼接缝加入细褶，抽褶量面料性能和款式风格决定（图2-14）。

图2-14

2.多节裙的制板规格

多节裙的制板规格见表2-5。多节裙只需要腰围尺寸，臀围部分不需要量体，一般裙长较长。

表2-5 多节裙制板规格表　　　　　　单位：cm

号型	部位	裙长	腰围
160/68A	规格	74	68

3.多节裙的制板方法

参照女裙基型的制板方法，可以得到多节裙的结构制图，如图2-15所示。

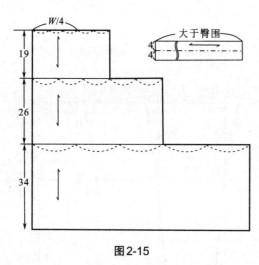

图2-15   图2-16

4.多节裙的结构要点与分析

（1）节裙的每层高度和长度都按比例增加，每层抽褶量为上一层的2/3。

（2）腰部装松紧，要保证腰头的长度要大于臀围，以便于穿脱。

（3）裙片抽褶，应尽量设置成横料，使抽褶自然均匀。

四、八片鱼尾裙

1.八片鱼尾裙的款式特征分析

八片鱼尾裙也称为喇叭裙。本款女裙为连腰型高腰女裙，裙身较长，腰臀部紧身设计，充分表现女性腿部的修长曲线，膝围线以下裙摆张开，型同鱼尾。本款面料宜选用采用针织之类有弹性、悬垂性好的面料，梭织面料应将裙摆张开位置调高至大腿中部，以方便腿部活动（图2-16）。

2.八片鱼尾裙的制板规格

八片鱼尾裙的制板规格见表2-6。

表2-6　八片鱼尾裙规格表
单位：cm

号型	部位	裙长	腰围	臀围	臀高
160/68A	规格	74	68	92	20

3.八片鱼尾裙的制板方法

参照女裙基型的制板方法，可以得到八片鱼尾裙裙的结构制图，如图2-17所示。

4.八片鱼尾裙的结构要点与分析

（1）裙下摆张开位置在膝围线上，如果下摆张开位置较高，则形成喇叭形。如果下摆张开位置较低，则形成鱼尾形。

（2）本款裙将腰省融入到分割线中，分割线的重合位置在臀围线上约3cm处，注意画顺曲线。

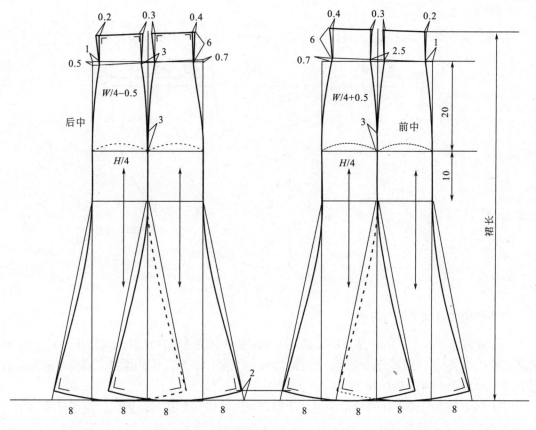

图 2-17

（3）本款裙是高连腰设计，根据人体体型特征，腰省向上顺延后，腰省在上口会逐渐减少，整个腰省呈橄榄型。连腰宽度不超过4cm时，腰省可以为平行省。

五、角度裙

1.角度裙的款式特征分析

角度裙，装腰，侧缝装隐形拉链。裙子平面展平时呈圆形或扇形。最常见的是360°或180°的整圆裙和半圆裙。角度裙穿着时，裙摆波浪丰富、造型优美，极富流动美，具有舞台表演效果。适宜选择轻柔、悬垂性优良的面料制作，如丝织物、仿丝绸织物等（图2-18）。

2.角度裙的制板规格

角度裙的制板规格见表2-7。角度裙因为下摆较大，臀围比较宽松，只需要腰围尺寸。裙长可根据款式要求而定。

图 2-18

表2-7　角度裙制板规格表　　　　　　　　　　　　　　单位：cm

号型	部位	裙长	腰围
160/68A	规格	60	68

3.制板方法

参照女裙基型的制板方法，可以得到角度裙的结构制图，如图2-19所示。

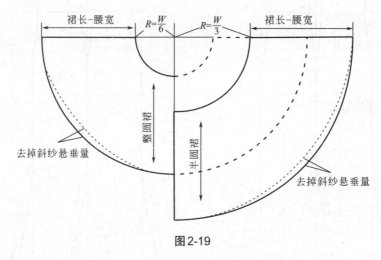

图2-19

4.角度裙的结构要点与分析

（1）角度裙腰围半径的计算方法就是用扇形周长的计算方法，计算公式为$W=(\alpha/360)\times 2\pi R$，其中$\alpha$为裙子平面展开的角度，$\pi$近似为3，$R$为腰围半径，由此推算，圆裙和半圆裙的腰围半径分别为$R=W/6$和$R=W/3$。

（2）角度裙为了使下摆的波浪明显，一般缝纫时将腰口略拔开，因此，制图时可以适当地减小腰围或在侧缝处劈去一定的量。由于裙下摆角度较大，斜丝缕方向易变形伸长，因此，需要在下摆斜丝缕处要去掉一定的量，这个量的大小视面料质地性能而定。

第四节　女裙变化款式制板

一、八片分割波浪裙

1.八片分割波浪裙款式特征分析

八片分割波浪裙的裙腰位略低，无腰头，侧面装拉链，裙片分八片，每个裙片上有斜分割线作装饰线条，下摆呈波浪状，宜选用悬垂性能好的面料（图2-20）。

图2-20

2.八片分割波浪裙的制板规格

八片分割波浪裙的制板规格见表2-8。

表2-8　八片分割波浪裙制板规格表　　　　　　　　　　　　　　　单位：cm

号型	部位	裙长	腰围	臀围	臀高
160/68A	规格	50	68	92	18

3.制板方法

参照女裙基型的制板方法，可以得到八片分割波浪裙的结构制图，如图2-21所示。

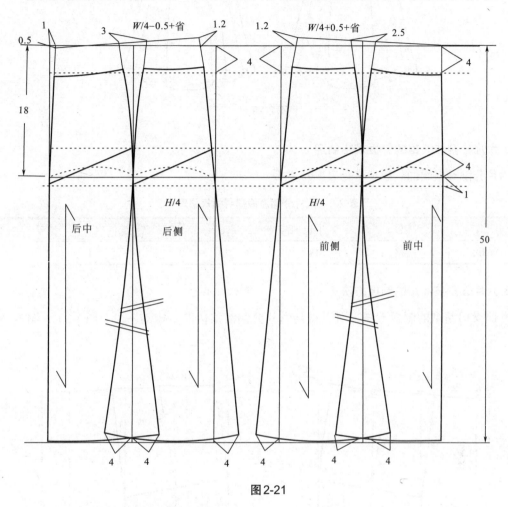

图2-21

4.八片分割波浪裙结构要点与分析

（1）本款女裙将裙省量分散到竖分割线里，即遇缝转省，这样的设计使分割线既有功能性，又有装饰性。分割线的重合位置在臀围线上约3cm处。

（2）裙片中的斜线分割是款式审美要求，属于装饰性的分割线。

（3）本款裙属于A型结构，腰与臀较合体，加放量较小，臀围向下裙摆自然散开，侧缝起翘较大，下摆能够满足腿部的活动量，不需要设置裙衩。由于是低腰结构，在基本裙型基础上，减去4cm为腰线。

二、六片分割波浪裙

1.六片分割波浪裙的款式特征

六片分割波浪裙无腰头，侧面装拉链，裙片分六片，前、后中裙片无波浪，侧裙片有横向育克分割，下摆展开形成波浪形态。宜选用悬垂性能好的面料（图2-22）。

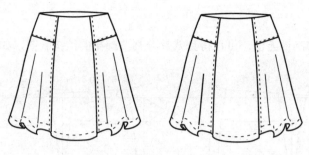

图2-22

2.六片分割波浪裙的制板规格制定

六片分割波浪裙的制板规格见表2-9。

表2-9　六片分割波浪裙制板规格表　　　　　　　　　　　　单位：cm

号型	部位	裙长	腰围	臀围	臀高
160/68A	规格	48	72	94	18

3.六片分割波浪裙的制板方法

参照女裙基型的制板方法，可以得到六片分割波浪裙的结构制图，如图2-23～图2-25所示。

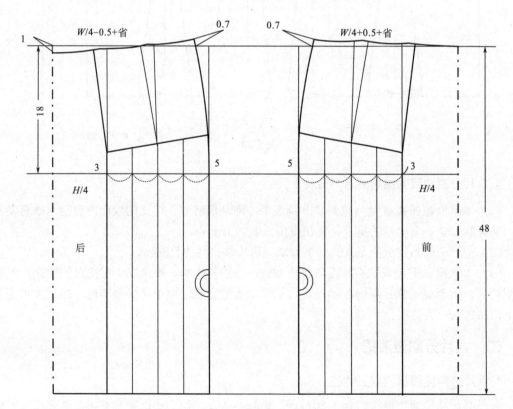

图2-23

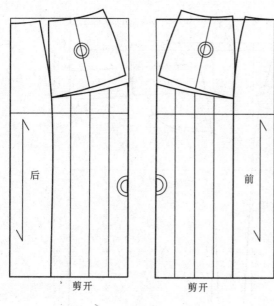

剪开　　　　　　　剪开

图2-24

侧面展开图

图2-25

4.六片分割波浪裙的结构要点与分析

（1）本款女裙采用裙片两个省的裙基型样板，为六片裙结构，其中一个省量合并成育克，另一个省量融入分割线中，遇缝转省。

（2）裙片两侧片利用纸样展开的方法，形成了波浪形态，同八片分割波浪裙款相比，波浪效果更明显，更集中。

三、低腰牛仔裙

1.低腰牛仔裙的款式特征分析

低腰牛仔裙为适身短裙，弧形低腰，前裙片无裥、省，前门开襟装拉链，左右各设有一个月亮插袋。后裙片有中缝，有育克。裙片各部位缝合处有明缉线装饰，具有耐磨、美观的特点。一般采用牛仔布面料，也可以用仿麂皮、灯芯绒、平绒等其他面料（图2-26）。

图2-26

2.低腰牛仔裙的制板规格

低腰牛仔裙的制板规格见表2-10。

表2-10 低腰牛仔裙制板规格表　　　　　　单位：cm

号型	部位	裙长	腰围	臀围	臀高
160/68A	规格	42	72	94	18

3.低腰牛仔裙的制板方法

参照女裙基型的制板方法，可以得到低腰牛仔裙的结构制图，如图2-27所示。

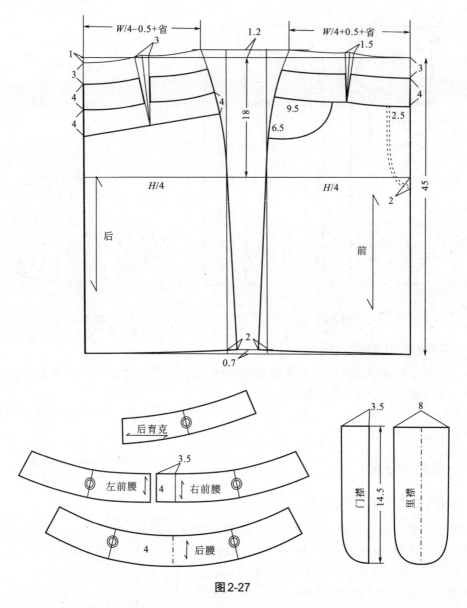

图2-27

4.低腰牛仔裙的结构要点与分析

（1）本款为低腰裙，在裙基型样板的基础上，先将裙片上端去掉3cm，然后在裙片上做出4cm宽的腰头形状，合并呈弧形低腰，所以实际腰口尺寸要大于人体腰围。

（2）本款低腰裙前片无省，所以将前省缩短，变小，利用腰头的宽度转省。后片因为臀部凸起位置偏下，所以必须设横向分割的育克结构来完成转省。

四、育克分割裙

1.育克分割裙的款式特征分析

育克分割裙为无腰结构，前后横向育克分割，后腰中线装隐形拉链。前后裙片设多个对裥使裙子造型鼓起凸出。本款女裙适用于有一定厚度和硬度的面料（图2-28）。

图2-28

2.育克分割裙的制板规格

育克分割裙的制板规格见表2-11。

表2-11 育克分割裙制板规格表 单位：cm

号型	部位	裙长	腰围	臀围	臀高
160/68A	规格	56	72	94	18

3.育克分割裙的制板方法

参照女裙基型的制板方法，可以得到育克分割裙的结构制图，如图2-29、图2-30所示。

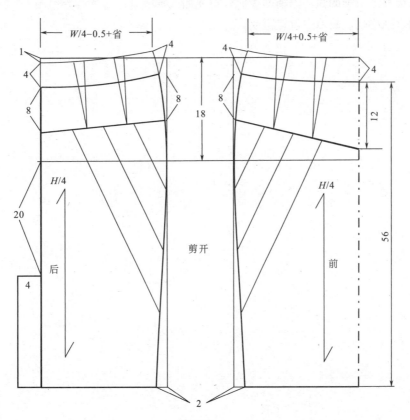

图2-29

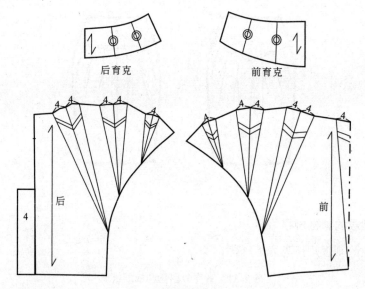

图2-30

4.育克分割裙的结构要点与分析

（1）本款女裙在裙基型结构基础上，平行腰线下落4cm做低腰线结构。

（2）根据款式造型作横向育克分割线，将腰省合并形成育克结构。

（3）在裙片上做辅助线，沿辅助线剪开拉展加入折裥量，前中心处也加入1/2折裥量。

（4）因下摆略收，故后中设置裙衩。

第三章
女裤结构设计

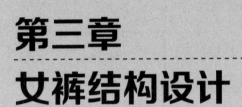 本章知识点

- 女裤的分类。
- 女裤结构原理。
- 女裤基本型及常见款式纸样设计。
- 女裤结构变化纸样设计。

 本章应知应会

- 了解女裤的基础知识。
- 掌握几种常见女裤的纸样设计。
- 掌握女裤的结构设计原理，能够完成各种款式女裤结构设计。

　　女裤是女下装的主要品种，它的结构是根据人的腰部、腹部、臀部和下肢形态及运动机能设计的。裤子的基本结构一般由裤长、腰围、臀围、膝围、脚口构成。

第一节　女裤的分类

　　女裤的品类很多，根据观察角度、造型、款式的不同，有各种不同的分类。

一、按裤子长度分类

　　女裤按长度分类如图3-1所示。

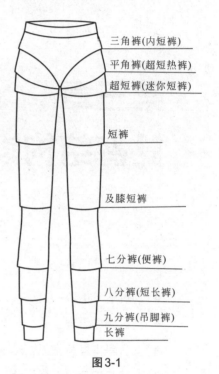

（1）三角裤：又称内短裤。裤长一般在直裆深的1/3～1/2之间。

（2）平角裤：又称超短热裤，裤长一般等于或稍大于直裆深。

（3）超短裤：又称迷你短裤，裤长至大腿根部。

（4）短裤：裤长至大腿中部及以上。

（5）及膝短裤：裤长至膝盖上下小腿肚之间。

（6）七分裤：又称便裤，裤长至小腿肚部位。

（7）八分裤：又称短长裤，裤长至小腿肚以下脚踝以上。

（8）九分裤：又称吊脚裤，裤长至脚踝或脚踝偏上一点。

（9）长裤：裤长一般至脚踝以下至地面2cm之间。

图3-1

二、按腰位高低分类

　　女裤按腰围高低的分类如图3-2所示。

（1）中腰裤：正常腰位，装有腰头，常规款。

（2）低腰裤：比正常腰位低落2～5cm。

（3）无腰裤：正常腰位，不装腰头。

（4）连腰裤：腰头部分和裤身相连。

（5）高腰裤：腰头比常规腰头高，一般为常规腰位至胸以下，可以装腰也可以连裁。

图3-2

三、按放松量大小分类

　　女裤按放松量的大小分类如图3-3所示。

（1）紧身裤（贴体裤）：臀部放松量很少或没有，前后无省或后设1个省。一般采用稍有弹性的面料更合适。

（2）合体裤（基型裤、西裤）：臀部放松量适宜，腰部前后各设1～2个省。

（3）较宽松裤：臀部放松量较多，腰部前设1～2个褶，后设1～2个省。

（4）宽松款：臀部放松量多，腰部可设多个褶，也可以装松紧做腰头。

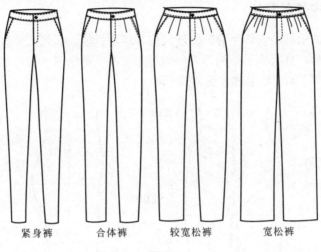

紧身裤　　　合体裤　　　较宽松裤　　　宽松裤

图3-3

四、按廓型分类

女裤按廓型分类如图3-4所示。

（1）倒梯形：常称铅笔裤、锥形裤，脚口较小，臀部贴体或较合体，一般放松量较少。

（2）长方形：常称直筒裤、西裤，裤筒较直，适当加放松量，属于常规款。

（3）梯形：常称喇叭裤，脚口比中裆大，臀部较合体。

（4）菱形：常称马裤、萝卜裤，其特点是夸张臀部及横裆，因方便骑马而得名，目前生活装也较常见。

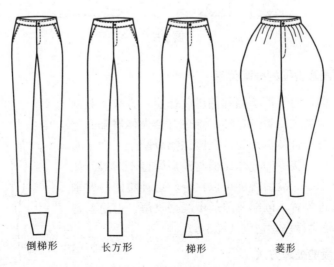

倒梯形　　　长方形　　　梯形　　　菱形

图3-4

第二节　女裤结构设计原理

一、女裤结构关系分析

　　裤装结构设计的依据是人体下身的生理结构和运动机能，研究人体腰腹臀部及腿部的体型特征及其运动规律，分析裤子结构与人体的对应关系，是学习女裤结构设计基本原理的基础和主要方法。女裤各部位的名称如图3-5所示。

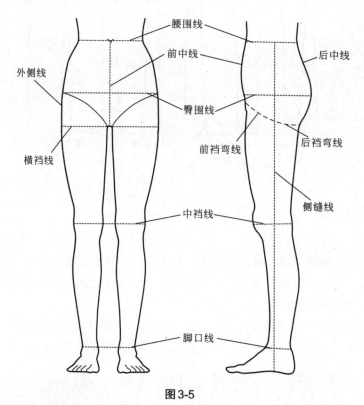

图3-5

1.女裤前后腰围及臀围的分配关系

　　与裙子结构不同，由于裤子裆部的牵制作用，人体下肢向前活动的特点，应该加大后臀围尺寸，这也符合人体臀部凸起明显的体型特征。对于合体裤来说，在腰围的分配上，由于腹部凸起的作用，使前后腰围的分配比例与前后臀围不对等。如当前臀围小于后臀围时，前后腰围可以相等。这种腰围与臀围的不对等结构要通过收省、侧缝及前后中线来调解，但随着臀围加放量的变大而逐渐减弱、消失（图3-6）。

2.女裤腰臀差量的处理方法

　　通过观察人体腰部、臀部的体型特征，可以看出人体腰部

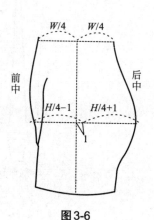

图3-6

与臀部在各个位置的形态差别不同，后腰中部由于臀大肌凸起明显，腰臀差量最大；在侧面髋骨的凸起也比较明显，腰臀差量较大；在腹部由于凸起不明显，腰臀差量最小。所以裤子各部位收腰大小不同，后中最大，侧缝次之，前片最小。这是女裤解决腰臀差量的一个基本原则。图3-7是腰部、臀部截面图，能直观看到各位置的收腰量的情况。

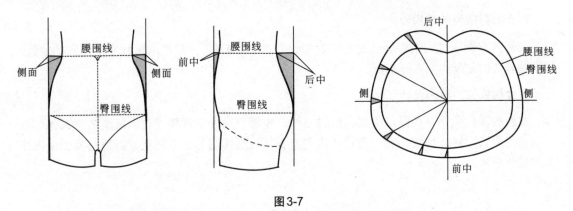

图3-7

二、女裤结构设计

1.女裤前、后腰线的结构设计

女裤前、后腰线的结构设计和裙子不同，由于裤子裆部结构的牵制作用，以及腿部向前活动的特点，裤子后腰中心必须翘起以满足腿部活动的需要，这个翘起量的大小要根据裤子造型要求和功能设计需求来决定。女裤由于强调静态体型特征，后翘量一般较小，为1.5～2cm。

2.女裤前、后中心线的结构设计

女裤前、后中心线的结构特点是根据人体前、后体型特征及运动规律设计的。前腹部略有凸起使前中心线偏进不多。后臀部凸起明显且腿部向前活动范围大，所以后中线倾斜较大，并设置起翘，起翘高度与倾斜角度成正比例关系。

3.女裤前、后裆弯的结构设计

女裤前裆弯也称为小裆弯，是腹部到裆底部的曲线。由于腹凸的位置比较靠上且不明显，所以前裆弯短而平缓。后裆弯也称为大裆弯，是臀部到裆底部的曲线。臀凸的位置比较靠下且明显，后裆弯长而弯曲较明显。前后裆弯组成了女裤的窿门，是女体下半身厚度的体现。

4.女裤前、后侧缝线及下裆缝的结构设计

女裤前、后侧缝及下裆缝组成裤筒结构。由于女性臀部凸出，后侧缝线弯曲程度要大于前片。由于前、后片裆宽的不同，前后下裆缝弯度也不同，后片明显大于前片，为了使两者长度相等，通常后裆处设置落裆。落裆一般为0.5～1cm，具体数值要根据前下裆缝的长度及缝合工艺要求来定。

5.女裤前、后裤口线的结构设计

由于人体臀部比腹部的容量大，一般情况下，后裤口比前裤口宽一些，以取得裤片结构的总体平衡。前后臀围差越大，前、后片脚口差量就越大。

6.女裤前、后烫迹线的结构设计

烫迹线又称"裤中线"，是前、后裤片的中线，它的位置设计对女裤造型有很大的影响。前中线一般是前裤片的中心线，而后中线由于腿部向外侧活动的特点，中线里侧的容量要大于外侧，一般相差2～3cm。

7.女裤臀围线的结构设计

女裤的臀围线对应于臀部凸起处，近似于立裆深的1/3，一般采用定数来确定它的位置，臀围到裆底的距离约为7～8cm。

8.女裤腰位的结构设计

女裤的腰位变化有高腰、中腰、低腰三种。中腰一般采用直腰设计，低腰考虑人体形态一般设计为弧形腰，高腰的腰省要设计成菱形省。低腰裤因为穿着随意、舒适是女裤采用最多的腰位形式。

第三节　女裤基本款式制板

一、女裤基本款式的特征分析

女裤基本型，又称为女西裤，款式简单、干练，一般与西装、衬衫等配套穿着，是女裤最简单、最常用的款式。本款女裤装直腰头，前后腰口各设一个省道，臀部加放量适中，前门襟装拉链，5个裤襻，无口袋，脚口略小于中裆。为了追求简约特征，去掉了侧口袋（图3-8）。

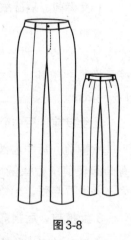

图3-8

二、女裤基本款式的量体加放要点

女裤各部位量体加放量如下。

（1）裤长：女裤裤长的测量要考虑女性穿高跟鞋的特点，一般要量至脚底下2～3cm。

（2）腰围：在腰部最细处或略低处水平围量一周，一般加放1～2cm。

（3）臀围：在臀部最丰满处水平围量一周，基本款女裤要求合体，放松量不宜过大，一般加放4～6cm，视面料及个人喜好而定。

（4）立裆：在侧面由腰围处量至裆底部，加放1～2cm，也可采用定数。

三、女裤基本款式的面辅料选择及用量

1.面料选择及用量

面料是服装品质的基础，西裤的面料选择很广泛，也很讲究。要求舒适透气，手感好，易整理。西裤的主要材质是相对耐磨一些的羊毛面料，当然也只是相对耐磨。为了使西裤抗摩擦能力更强一些，人们往往在羊毛面料里添加了涤纶。现在西裤的主流面料成分就是全羊毛面料和羊毛与涤纶混纺面料，其次就是棉麻、化纤类。适宜采用的面料名称有毛料、哔

叽、贡丝锦、贡缎呢、华达呢、马裤呢、卡其、凡立丁、爵士呢、卡丹皇等。

面料用量：幅宽150cm，用料110cm；幅宽110cm，用料160cm；幅宽90cm，用料220cm。

2.辅料选择及用量

黏合衬：幅宽90cm，用量20cm。

裤拉链：长度20cm，用量一条。

四、女裤基本款式的制板规格

表格中的制板规格按常用号型以160/68A为例，其尺寸是已经加了放松量的成品尺寸，但不含其他影响成品规格的因素，如缩水率等，见表3-1。

表3-1 女裤基本款制板规格表

单位：cm

号型	部位	裤长	腰围	臀围	中裆	立裆	脚口
160/68A	规格	100	70	90	44	24.5	42

五、女裤基本款式的制板方法

1.女裤基本款式的主要部位制图计算公式

女裤基本款式的主要部位制图计算公式见表3-2。

表3-2 女裤基本款制板公式

单位：cm

部位	制板公式	部位	制板公式
前腰围	$W/4+$省	后中裆	中裆$/2+2$
后腰围	$W/4+$省	前裤口	脚口$/2-2$
前臀围	$H/4-1$	后裤口	脚口$/2+2$
后臀围	$H/4+1$	前窿门	$0.04H$
前中裆	中裆$/2-2$	后窿门	$H/10-1$

2.女裤基本款式前裤片的制板方法

女裤基本款式前裤片的制板方法和步骤如下，如图3-9所示。

（1）前侧缝直线：在图纸右端画一条竖线，为基本线。

（2）脚口线（下平线）：在图纸下端画一条水平线。

（3）裤长线（上平线）：由下平线向上量取裤长–腰宽3.5cm=97.5cm，画一条水平线。

（4）横裆线：由上平线向下量取立裆深24.5cm，画一条水平线。

（5）臀围线：取立裆深的1/3，由横裆线向上量取。

（6）中裆线：取臀围线到下平线的1/2，向上移3cm，画一条水平线。

（7）前臀围大：在臀围线上由侧缝直线向左量取$H/4-1$cm，平行侧缝直线画线。

（8）小裆宽：在横裆线上，由臀围大线向左量取$0.04H$，画出小裆宽点。

（9）前横裆大：在横裆线上与侧缝直线的交点处撇进0.7cm.

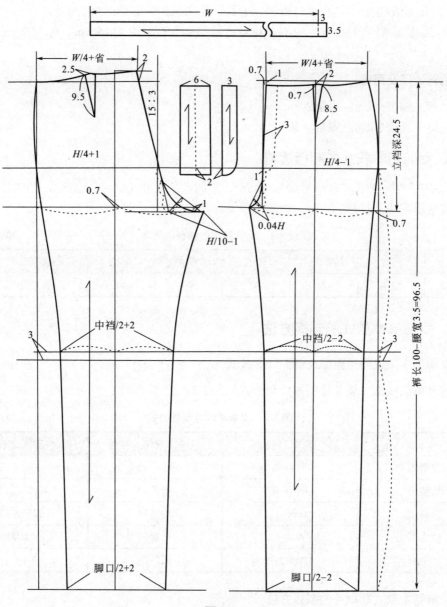

图3-9

（10）前烫迹线：取前横裆大的1/2，画平行于侧缝直线的直线为烫迹线。

（11）前脚口大：在脚口线上以烫迹线为中心向两边共量取脚口/2-2。

（12）前中裆大：在中裆线上以烫迹线为中心向两边共量取中裆/2-2。

（13）前腰围大：前中落1cm，进0.7cm，量取W/4+省（2cm）。

（14）前片轮廓线：如图所示连接各点，画出前片轮廓线及前省道。

3.女裤基本款式后裤片的制板方法

女裤基本款式后裤片的上平线、下平线、横裆线、臀围线、中裆线为前裤片延长，如图3-9所示。

（1）后侧缝直线：平行前侧缝直线在左端画一条竖线。

（2）后臀围大线：在臀围线上，由侧缝直线向右量取$H/4+1$cm，平行于侧缝直线画线。

（3）后裆倾斜线：运用比例法由后臀围大点顺后臀围大线向上量取15cm，再垂直向左量取3cm，将这一点与后臀围大点连线为后裆倾斜线。

（4）后落裆：由横裆线向下量取1cm，画平行线。

（5）大裆宽：由后裆倾斜线与落裆线的交点向右量取$H/10-1$cm为大裆宽点。

（6）后烫迹线：取大裆宽点到后侧缝直线的1/2处向左偏移0.7cm的点，画平行于侧缝直线的直线为后烫迹线。

（7）后脚口大：在脚口线上以烫迹线为中心向两边共量取脚口$/2+2$。

（8）后中裆大：在中裆线上以烫迹线为中心向两边共量取中裆$/2+2$。

（9）后腰翘起点：由上平线向上量取2cm与后裆倾斜线延长相交。

（10）后腰围大：由后腰翘起点向上平线量取$W/4+$省（2cm）。

（11）后片轮廓线：如图所示连接各点，画出后片轮廓线及后省道。

六、女裤基本款式的结构要点分析

（1）前后片的省道：应注意控制省的大小，最大不宜超过3cm，否则制作时烫不平服，影响穿着效果。

（2）后窿门：低落1cm，首先是要保证前片和后片下裆缝的长度吻合，其次是加长了后上裆缝的长度，这样就很好地符合了人体的活动规律，尤其是往下蹲，裆缝就不会容易开裂。

（3）后翘：起翘2cm，主要也是增加了后裆缝的长度，是因为人体后臀部较丰满，所需要的量相对要长一些，其次也是保证人体活动时需要的量。

（4）臀围的计算公式：采用$H/4$前减后加的计算方法，是因为人体臀部凸起明显且下肢向前活动范围大，所以前片减1cm，后片加1cm，以保持整体平衡。

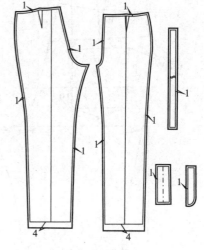

图3-10

七、女裤基本款式的放缝方法

女裤基本款式的放缝方法如图3-10所示。

第四节　女裤变化款式制板

一、牛仔喇叭裤

1.牛仔喇叭裤的款式特征分析

牛仔喇叭裤是常见的女裤款式，因其穿着效果显得身材高挑，所以很受女性青睐。裤型在设计时一般臀部都比较合体，直裆设计时不宜过深，脚口略大于中裆，适合采用牛仔面料制作。

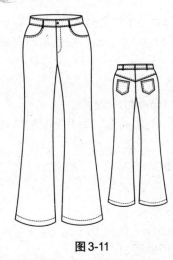

图3-11

本款喇叭裤装弧形腰头，前、后片腰口不设省道，臀部有适当的放松量，前门襟装拉链，两侧有月亮型插口袋，后片有育克及两个贴袋，共有5个裤襻，脚口呈微喇叭型（图3-11）。

2.牛仔喇叭裤的制板规格

牛仔喇叭裤裤长的测量要考虑女性穿高跟鞋的特点，一般要量至脚底下2～3cm。腰围一般加放1～2cm，臀围放松量不宜过大，一般加放3～5cm，视面料及个人喜好而定。牛仔喇叭裤的制板规格见表3-3。

表3-3　牛仔喇叭裤制板规格表　　　单位：cm

号型	部位	裤长	腰围	臀围	中裆	立裆	脚口
160/68A	规格	103	70	91	40	24.5	47

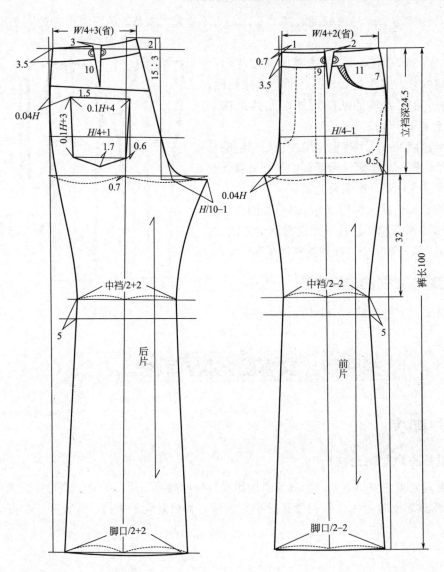

图3-12

3.牛仔喇叭裤的制板方法

（1）牛仔喇叭裤的结构制图可参照女裤基本款式的结构制图绘制，如图3-12所示。

（2）牛仔喇叭裤的育克、弧形腰合并及辅件图如图3-13所示。

4.牛仔喇叭裤的结构要点与分析

（1）前后片结构图都有省道存在，前片的省是通过月亮插袋转移，后片的省是通过育克转移的，所以款式图上没有省道出现。

（2）腰头是弧形腰，所以要先分割，再把省道合并。

二、打底裤

1.打底裤的款式特征分析

打底裤是常见的女裤款，一般采用有弹力的面料制作，因其穿着舒适，所以很受女性喜欢。裤型在设计时臀围按面料的回弹率而定，立裆设计有正常体型的，也有不分前后穿的。脚口都较小且基本贴小腿。

本款打底裤腰部装松紧，松紧宽度4～5cm，脚口两侧另外加长至脚底（图3-14）。

2.打底裤的制板规格制定

打底裤裤长的测量一般量至脚踝的下端，再另外加6～8cm。臀部的加放量一般根据面料而定，回弹率大的不加放或者加放1～2cm，回弹率小的加放2～8cm。打底裤的制板规格见表3-4。

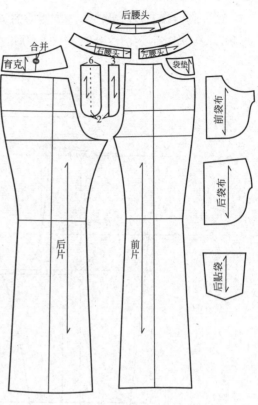

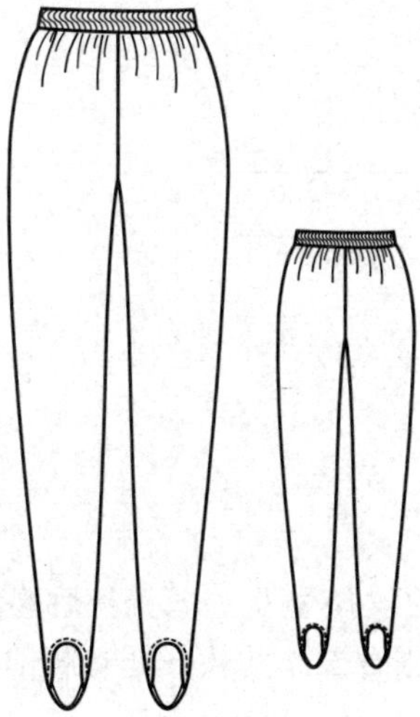

图3-13

表3-4　打底裤制板规格表　　　　　单位：cm

号型	部位	裤长	腰围	臀围	中裆	立裆	脚口
160/68A	规格	100	70	95	40	24.5	25

3.打底裤的制板方法

打底裤的制板方法可参照女裤基本款式的结构制图绘制，如图3-15所示。

4.打底裤的结构要点与分析

（1）前后片的腰口尺寸与臀围线相当，这样能够保证穿脱方便。因为腰头装松紧，没有开门襟。

图3-14

（2）脚口在制板时要注意踩脚侧面的宽度不宜太宽，前后的弧形要根据脚背和脚后跟的形状，设计规格时应前片开的高一些，后片低一点。

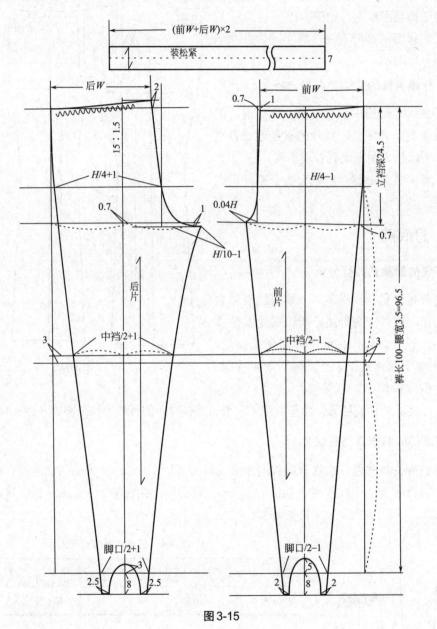

图3-15

三、低裆裤

1.低裆裤的款式特征分析

低裆裤是近几年比较流行的休闲女裤款式，很受年轻时尚的女孩喜欢。低裆裤廓型夸张，穿着突显前卫，张扬个性。结构上主要是降低直裆深度，夸张臀部。此款低裆裤腰部装松紧，松紧宽度为4～5cm，脚口略小（图3-16）。

2.低裆裤的制板规格

低裆裤裤长的测量至脚踝下3cm左右，臀部的加放量为15～30cm，一般按个人喜好而定。低裆裤的制板规格见表3-5。

表3-5 低裆裤制板规格表　　　　单位：cm

号型	部位	裤长	腰围	臀围	中裆	直裆	脚口
160/68A	规格	100	70	120	50	39.5	35

3.低裆裤的制板方法

低裆裤的制板方法可参照女裤基本款式的结构制图绘制，如图3-17所示。

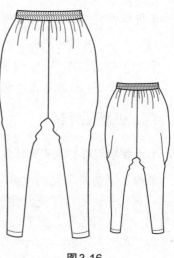

图3-16

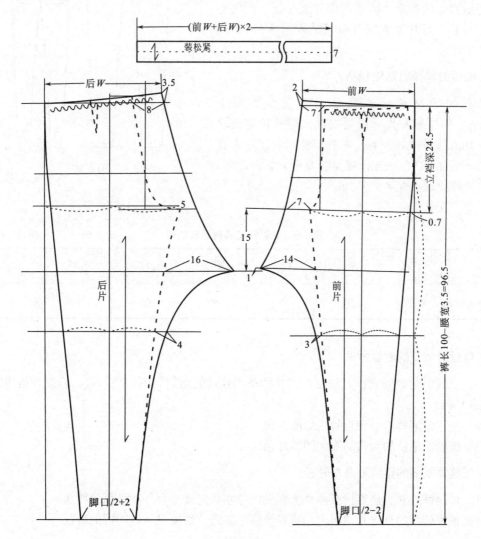

图3-17

4.低裆裤的结构要点与分析

（1）前、后片的直裆深在腰口线上都上提一部分量，是为了保持腰部的平衡。

（2）上裆弯线较平直，下裆弯线较弯，是因为款式直裆加深，如果下裆弯线的弧度不够，也就是说下裆线的长度不够的话，就会影响人体活动。

四、低腰铅笔裤

1.低腰铅笔裤的款式特征分析

低腰铅笔裤是常见的女裤款式，因其穿着效果显得腿部修长，所以很受女性喜欢。裤型在设计时一般臀部都比较合体，直裆较浅，脚口较小，基本和小腿的围度差不多。

本款低腰裤装弧形腰头，前后腰口没有省道，臀部有适当的放松量，前开门襟处装拉链，两侧有七字形口袋，后片有育克及两个贴袋，共有5个裤襻（图3-18）。

2.低腰铅笔裤的制板规格

低腰铅笔裤裤长的测量一般量至脚踝下2～3cm。腰围的测量一般要根据低腰的位置来决定，不加放松量或加放1cm左右。臀围放松量不宜过大，一般加放3～5cm，视面料及个人喜好而定。低腰铅笔裤的制板规格见表3-6。

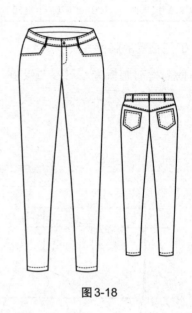

图3-18

表3-6　低腰铅笔裤制板规格表　　　　　　单位：cm

号型	部位	裤长	腰围	臀围	中裆	立裆	脚口
160/68A	规格	97	70	90	43	21.5	30

3.低腰铅笔裤的制板方法

（1）低腰铅笔裤的制板方法可参照女裤基本款式的结构制图绘制，前、后裤片结构制图如图3-19所示。

（2）低腰铅笔裤的后育克制图如图3-20所示。

（3）低腰铅笔裤的腰头制图如图3-21所示。

4.低腰铅笔裤的结构要点与分析

（1）低腰裤的腰头是直接在裤片上制板，分割后把省道合并就是弧形腰头。

（2）前中低落的量比基型裤大，穿着会感觉舒适，也突显了低腰裤的特征。

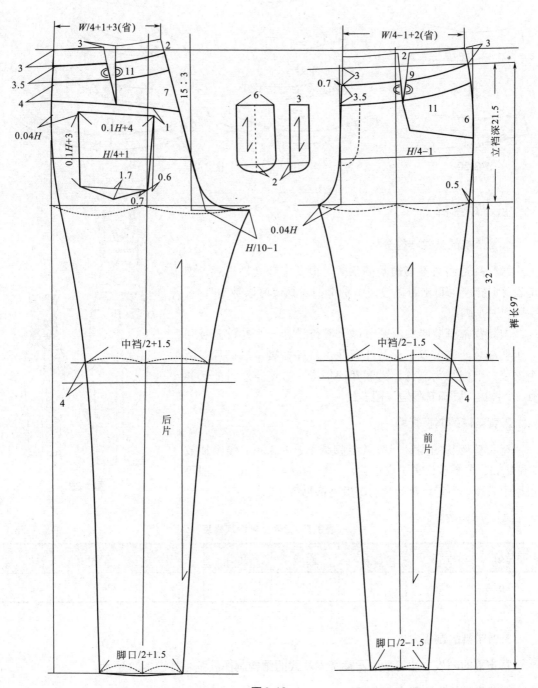

图3-19

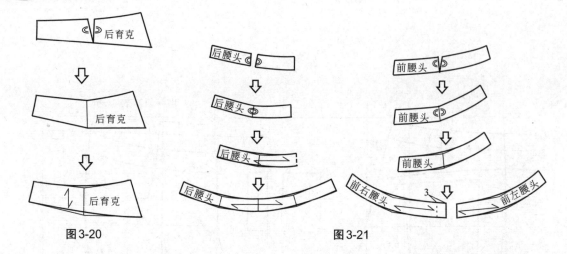

图3-20   图3-21

五、背带裤

1.背带裤的款式特征分析

背带裤是经久不衰的女裤款式，很受年轻女性喜欢，裤型设计时在腰部以上可以设计多种造型。脚口可以是喇叭裤，也可以是小脚口。

本款背带裤装腰头，腰节以上部位设计一个拉链开袋和一个明贴袋，腰节以下前裤片有两个月亮插袋，后裤片有两个贴袋，前门襟为装饰，两侧开门里襟，方便穿脱。前后共有5个裤襻，脚口有翻边（图3-22）。

2.背带裤的制板规格

背带裤裤长的测量一般量至脚踝下2～3cm。腰围加放1～2cm。臀围放松量不宜过大，一般加放4～6cm，一般可根据个人喜好而定。背带裤的制板规格见表3-7。

图3-22

表3-7　背带裤制板规格表　　　　　　　　　　单位：cm

号型	部位	裤长	腰围	臀围	中裆	立裆	脚口
160/68A	规格	96	70	92	42	24.5	38

3.背带裤的制板方法

背带裤的制板方法可参照女裤基本款式的结构制图绘制，如图3-23所示。

4.背带裤的结构要点与分析

（1）裤子腰节以上部分包括背带，要保证其长度等于腰节长度，前腰部低落的量在上部分要补充完整，才能使裤子整体平衡。

（2）为了穿脱方便，侧开门的深度要开至臀围线或偏下一点。

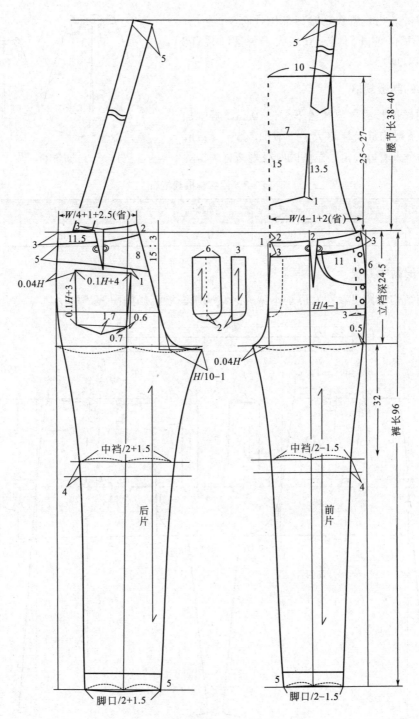

图 3-23

六、裙裤

1.裙裤的款式特征分析

裙裤是一种常见的女裤款式，穿着既有裙子的美感，又具备裤子的方便实用功能。

本款裙裤装为直腰头，腰口部位设有8个活褶，两个月亮插袋，前开门襟，脚口大于臀部，共有5个裤襻（图3-24）。

2.裙裤的制板规格

此款裙裤裤长测量至膝盖下5～10cm。腰围加放1～2cm。臀围放松量略大，一般加放6～10cm，一般可根据个人喜好而定。裙裤的制板规格见表3-8。

图3-24

表3-8　裙裤制板规格表

单位：cm

号型	部位	裤长	腰围	臀围	立裆	脚口
160/68A	规格	60	70	93	26.5	78

3.裙裤的制板方法

裙裤的结构制图可参照女裤基本款式的结构制图绘制，如图3-25所示。

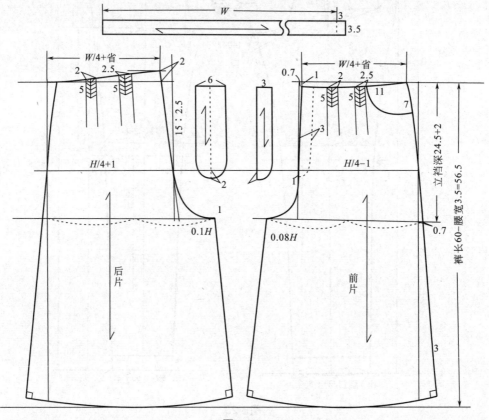

图3-25

4.裙裤的结构要点与分析

（1）裙裤前窿门比常规款女裤的量要大一些，是为了让上下裆缝部分不会太贴身，同时也是为了穿着更方便、舒适。

（2）裙裤的脚口不管大小怎样变化，但一定要取直角。

七、灯笼裤

1.灯笼裤的款式特征分析

灯笼裤是一种很实用的休闲裤款式，一般设计为居家、练功时穿着，既美观又实用。

本款灯笼裤腰部和脚口装松紧，松紧宽度3～5cm，臀部、横档较宽松（图3-26）。

2.灯笼裤的制板规格

灯笼裤裤长的测量一般量至脚踝，臀部的加放量为10～20cm，也可根据个人喜好而定。灯笼裤的制板规格见表3-9。

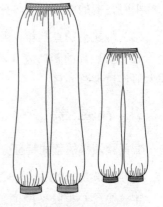

图3-26

表3-9　灯笼裤制板规格表　　　　　单位：cm

号型	部位	裤长	腰围	臀围	中档	立档	脚口
160/68A	规格	100	70	100	50	26	55

3.灯笼裤的制板方法

灯笼裤的结构制图可参照女裤基本款式的结构制图绘制，如图3-27所示。

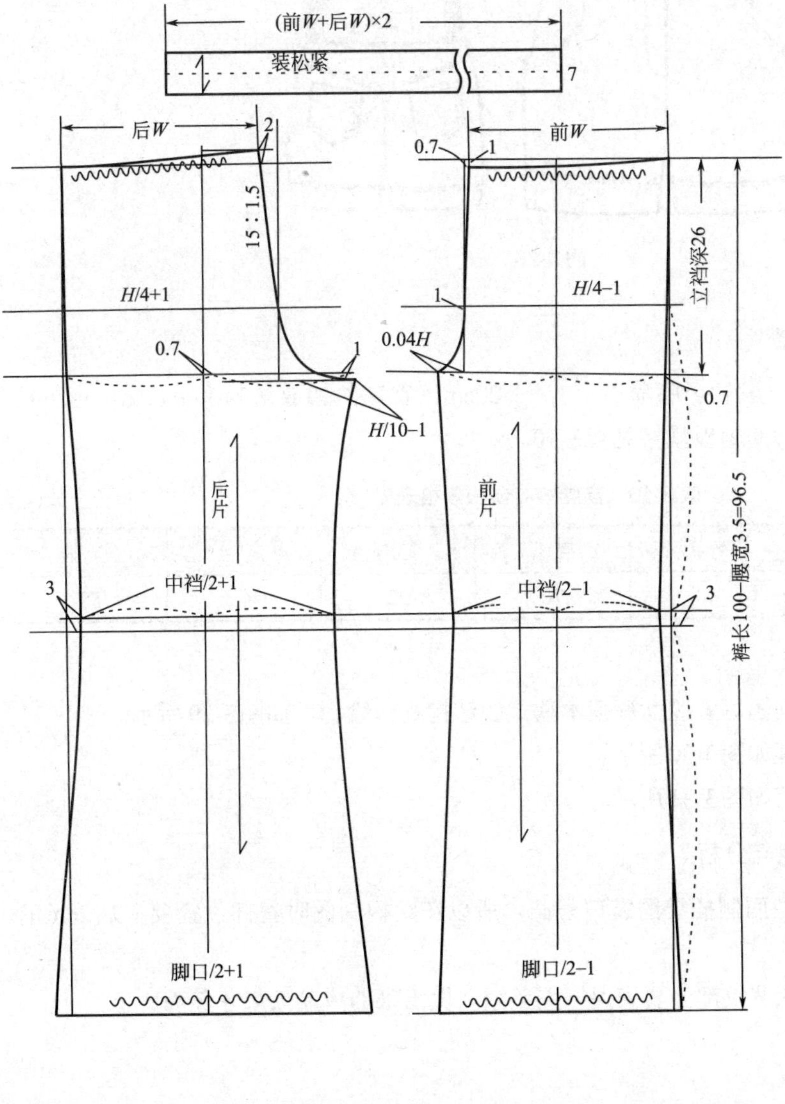

图3-27

4.灯笼裤的结构要点与分析

（1）灯笼裤的直裆相比普通裤子要长一些，以此满足活动量。

（2）前后片的腰口线基本和臀围线的宽度差不多，因为没有开门襟，所以需要保证留出穿脱时经过臀部的量。

八、高腰短裤

1.高腰短裤的款式特征分析

高腰短裤是一款时尚休闲裤，是夏季女性的首选，既美观又实用。

本款高腰短裤腰部两侧装有松紧或罗纹，腰口前端装3粒扣，两侧口袋袋线稍外凸，脚口有翻边，后裤片有两个贴袋，后片育克中间没有分割，后腰头上有个小三角，后中装一个蝴蝶结（图3-28）。

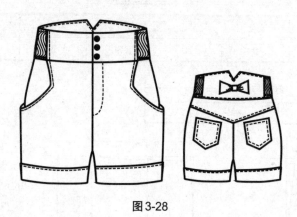

图3-28

2.高腰短裤的制板规格

高腰短裤裤长的测量一般量至膝盖以上15～20cm，臀部的加放量为3～8cm，也可根据个人喜好而定。高腰短裤的制板规格见表3-10。

表3-10　高腰短裤制板规格表　　　　　　　　单位：cm

号型	部位	裤长	腰围	臀围	立裆	脚口
160/68A	规格	40	70	92	24.5	58

3.制板方法

（1）短款的裤片结构制图可参照女裤基本款式的结构制图绘制，如图3-29所示。

（2）育克结构制图步骤如图3-30所示。

（3）腰头结构制图步骤如图3-31所示。

4.高腰短裤的结构要点与分析

（1）此高腰短裤的裤型两侧插袋的袋口外凸，所以在结构制图时臀部位置要多加2cm的松量。

（2）腰头两侧装松紧或罗纹部分要采用横向丝缕，做出来的成品效果才美观。

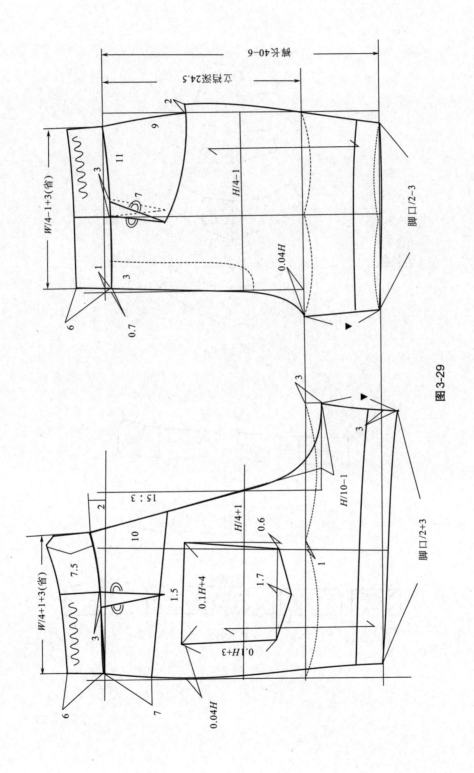

图3-29

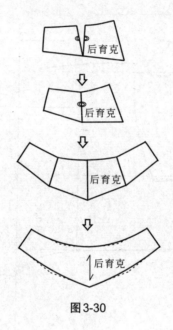

图 3-30

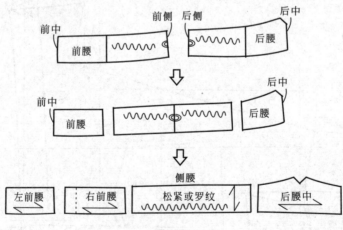

图 3-31

第四章
女上装基型结构设计

本章知识点

- 女上装基型介绍。
- 女上装基型规格设计。
- 女上装基型制板方法。
- 女上装衣身结构平衡。

本章应知应会

- 了解女上装基型在服装行业的应用情况。
- 掌握女上装基型制板方法。
- 掌握女上装基型制板原理。
- 掌握女上装各种结构的衣身平衡。

女上装是女装的重要组成部分，它的款式变化繁多，结构设计复杂，并且随着流行趋势的发展而不断更新。由于女体体型的结构复杂，曲线丰富，女上装结构是女装结构中最难的部分。在女上装结构设计中，省道变化、曲线分割及各种褶裥变化是主要结构设计手段。掌握女上装基型结构，了解女上装平面结构与立体造型的相互转换关系是学习女装结构的关键。

第一节　女上装基型概述

在我国服装行业中，原型法是比较常见的服装结构设计方法，原型法具有科学、灵活、实用等优点，但是我国的服装原型没有统一的标准，在大中专院校教学中，多采用日本文化式原型，而在服装企业生产中，各服装企业会根据品牌风格及消费者需求开发出自己的服装基型。相比原型法而言，基型法制板是服装企业依据大量生产实践，运用比例法和定寸法总结出的基本板型，实用性更强，更符合市场需求。

一、女装基型板分类

女装基型板按品类可分为裙基型、裤基型、衬衫基型、西服基型等。基型的取得方法很灵活，有的是根据服装成品规格采用比例公式的直接构成法，也称胸围法或比例法，还有的是根据人体实量尺寸的间接构成法，也称短寸法或原型法。运用基型的制板过程首先要根据服装设计尺寸做出服装的基型样板，然后根据具体服装造型在基型样板上，运用剪切、折叠或拉展等手段进行结构设计变化，最终完成服装结构制板。

二、女上装基型结构的方式

女上装基型的结构形式也有很多，最常见的是把腰围线以上的衣身结构作为基型，这种基型的好处是方便进行省的转移等结构变化，不足在于缺少腰围线以下部分结构，在实际应用中需要借助经验弥补，并且腰部以上的结构和腰部以下结构在转换时互相影响、制约，不能统一，实际应用中不够方便。本书基型采用了臀围线以上衣身结构，在实际应用中更容易贴近企业生产实践。

女上装的结构设计根据服装的贴体或宽松的程度要求不同会表现出不同的结构特征。本书女上衣基型是以一般合体女上衣的结构特征作为原始基型，依据衣身前后衣片的平衡原理及胸省的大小调节，可以在这个板型的基础上，转换为贴体基型和宽松基型。

第二节　女上装基型规格设计

女上装基型是运用比例法完成制图的，在服装结构制图的学习中，比例法是最直接、最易懂的制图方法。由于比例法多数以胸围尺寸为依据，也被称为胸度法。这些比例公式的设计，是依据人体体型特征和人体运动规律以及人体号型的变化规律，总结出胸围与人体各部位的比例变化关系而得来的。比例法是最常见、最容易被接受的制图方法，但是由于人体结构的多样性和复杂性，比例法不能够满足所有体型的结构变化，会产生一定的误差。这时可以采用定寸法，直接量取人体数据或通过市场反馈来确定人体某部位数据完成制图，以弥补比例法的不足。本书女上装基型是在人体净尺寸的基础上，加入基本加放量，是一种较合体的基型版，贴体基型和宽松基型可以在它的基础上变化得来。

女上装基型的结构设计具有合理性、应用性强的优势，具备以下特点。

一、女上装基型衣身结构

女上装基型的衣身采用传统四开身结构，衣袖采用一片袖结构，这种结构容易被大家接受，也方便后面的结构变化。

二、女上装基型号型的选用

女上装基型在号型的选择上，注重广泛的应用性，选用了最大众的A型体，年龄段设计为20～40岁的成熟女性，一般选取号型为160/84A。

三、女上装基型的加放量

女上装基型的加放量设计为基本加放量，胸围加放为6cm，臀围加放为3cm，腰围为胸围减17cm。这样的设计能够满足人体基本活动需要，基型板就可以作为基本款式的结构进行实际应用。

四、女上装基型省道设置

女上装基型前衣身设计中充分考虑到女体形态特征，在前衣身设置了胸省和腰省，后衣身设置了腰省和肩省。这样的设计既考虑了功能性、实用性，也为以后的结构变化提供了便利。

五、女上装基型适用范围

女上装基型适应范围广，根据设计要求适当的调整尺寸就可以直接作为衬衫、西装、大衣的及连衣裙基本款式的制板，简单变化款式的制板也可以采用女上装基型的制板公式来完成制图。

第三节　女上装基型制板方法

一、女上装基型的基本尺寸和计算公式（衣身）

女上装基型的基本尺寸和计算公式见表4-1。

表4-1　女上装基型的基本尺寸和计算公式（衣身）160/84A　　　　　单位：cm

部位	尺寸或公式	制图方法
后中线	基本线	竖直线
后衣长线	基本线	水平线
后袖窿深	$1.5B/10+10$	后衣长线向下量取

续表

部位	尺寸或公式	制图方法
后腰节长	38.5	后衣长线向下量取
腰臀高	18	后腰节线向下量取
后背中线	1	后中收腰1cm画顺后背中线
后领宽	$N/5$	后中线向右量取
后领深	2.5	后衣长线向下量取
后肩斜	15/5	后领宽点向右量取15cm，垂直向下量取5cm
后肩宽	$S/2+1$（省）	后中线向右量取
后背宽	$1.5B/10+4$	后背中线向右量取
后胸围	$B/4-0.5+0.5$（省）	后背中线向右量取
后臀围	$H/4$	后背中线向右量取
前衣长线	0.5	后衣长线向上量取0.5cm
前中线	基本线	竖直线
前领宽	$N/5-0.3$	前中线向左量取
前领深	$N/5$	前衣长线向下量取
前肩斜	15/6	前领宽点向左量取15cm，垂直向下量取6cm
前肩宽	$S/2$	前领宽点向左量取
前胸宽	$1.5B/10+3$	前中线向左量取
前胸围	$B/4+0.5$	前中线向左量取
前臀围	$H/4$	前中线向左量取
前胸省线	2.5	袖窿深线向上量取
前腰节线	1	腰节线前中低落1cm画至前侧缝
前底边线	1	底边线前中低落1cm画至前侧缝

二、女上装基型制图（衣身）

根据表4-1的计算公式可以绘制出女上装基型的结构制图，如图4-1、图4-2所示。

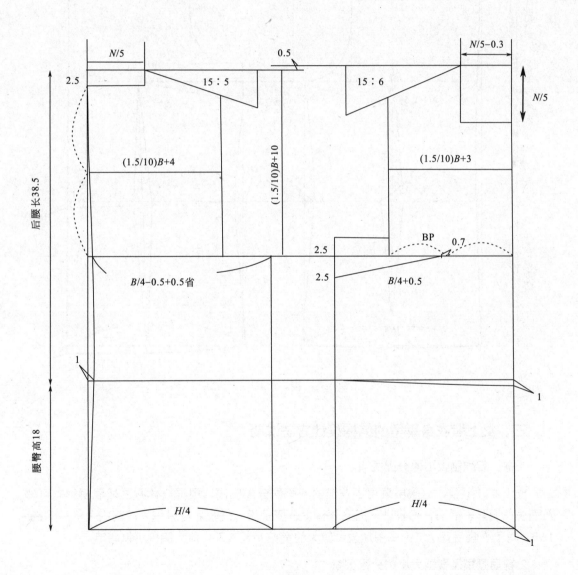

图 4-1

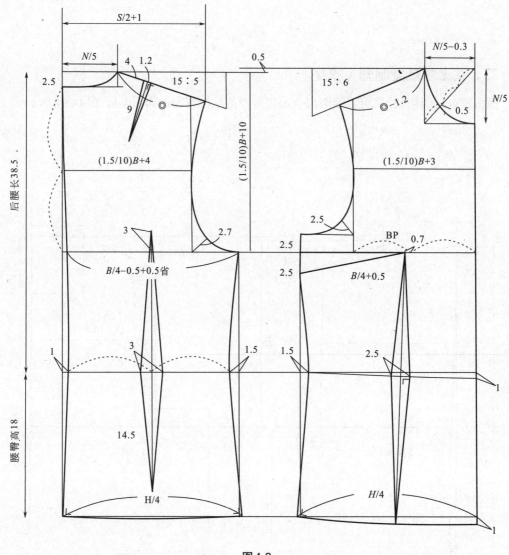

图4-2

三、女上装衣身基型的结构设计方法说明

1.前、后胸围大小的分配关系

女上衣基型前、后胸围采用了普遍的四分法分配胸围，根据女体胸围横截面形态可知，前面胸凸明显，后面背部收进，因此合体女装要求后中线收后背中缝，前胸围大于后胸围约1cm。对于不收后背中缝或胸围加放量较大的宽松女装来说，前后胸围可以相等。

2.前后腰围及臀围大小的分配关系

根据女体躯干部前后形态特征，前面腹部凸起较小，腰部较平坦，后面臀部凸起较大，腰部凹陷较明显。因此，女上衣基型板前、后片臀围大小相等，而前腰围要大于后腰围1cm左右，表现在腰省上，前腰省小，为2～2.5cm，后腰省大，约为3cm，合体女装后中背缝线也要设计收腰量。

3.胸宽、背宽的确定方法

根据女体胸围横截面形态及测量数据，一般情况下，女性前胸宽基本等于后背宽，但是由于考虑到人体手臂的向前活动量较大，需要增加后背活动量，因此将后背宽数据加大，比前胸宽多加0.5～1cm。

4.前后领口的比例关系

女上衣基型的领口形状是根据人体颈部横截面形态而设计的。合体基型板的领口，前领宽要小于后领宽0.3～0.5cm，前领深应略大于前领宽。另外还要注意前、后片领口的连接圆顺。

5.前、后片肩宽与肩斜

根据女体前后肩部形态特征，正常女体前肩斜约为21°，后肩斜约为18°。在实际制图中，由于角度制图不方便，常用比例法来代替，设置前肩斜为15/6，后肩斜为15/5。由于人体背部的隆起，使前后肩部的分界线不是直线，而是呈向前弯曲的曲线。因此，在女上衣基型板制图中，后肩线设置了肩省。在实际应用中，考虑美观性，通常将后肩省取消，将肩省量设计为后肩缩缝量，通过工艺手段缝合后使肩线向前弯曲。

6.胸高点的位置设定

胸高点是女上衣基型前片中最重要的点，是合体女装结构设计的关键位置，前片的胸省和腰省都指向它，并以它为中心做省的转移结构变化。胸高点的横向位置由前中心线向里量取前胸宽/2+0.7cm，纵向位置为由前衣长线向下量取固定值约24cm。胸点的纵向位置可以根据设计要求、服装品类以及穿着要求进行调整，比如衬衫类选择高一些，外套类选择低一些，青年女性选择高一些，中年女性选择低一些。

7.胸省量的设定

女上衣基型板胸省量的设定考虑了两方面的因素，一是基于中间标准体的女体形态特征设计胸省大小，二是考虑女上装穿着的舒适性、美观性和实际应用性，胸省设计没有选用全胸省量，而是将一部分转移到腰线和底边线。所以女上衣基型的前腰线低落1cm。

8.前后腰节差量与胸省大小的关系

根据中间标准体的女体形态特征，女体前腰节一般长于后腰节1.5cm左右，这个数据会随着女性年龄增长胸部丰满程度的增加以及个体胸凸量大小差异做调整。女上衣基型胸省量设定为2.5cm，前腰节低落1cm，前衣长线高于后衣长线0.5cm。当胸凸量增加时可以增加胸省量，同时增加前后腰节差量即前衣长上抬量，而前后袖窿差量保持不变。

四、女上装衣袖基型的基本尺寸和计算公式

女上装衣袖基型的基本尺寸和计算公式见表4-2。

表4-2 女上装衣袖基型的基本尺寸和计算公式（衣袖）　　　　单位：cm

部位	尺寸或公式	制图方法
袖中线	基本线	竖直线
袖长线	基本线	水平线

续表

部位	尺寸或公式	制图方法
袖口线	55	袖长线向下量取
袖肘线	袖长/2+4	袖长线向下量取
袖山深	前后袖山斜线长/3	袖长线向下量取
前袖山斜线	前AH−0.5	袖山顶点向右斜量至袖山深线
后袖山斜线	后AH	袖山顶点向左斜量至袖山深线

五、女上装衣袖基型制图

根据女上装衣袖基型的基本尺寸和计算公式表4-2，可以绘制出如图4-3所示的结构制图。

六、女上装衣袖基型的结构设计方法说明

1.袖山深的确定方法

女上衣基型板袖山深的计算公式为前后袖山斜线/3，这种方法在确定袖山深的同时，也决定了袖肥的唯一性。袖山深、袖肥、袖山斜线是三角形的三个边，确定其中两个边，第三边的长度就确定了。这实际上就是一种比例制图法，通过调整袖山深与袖肥的比例可以变化服装的袖型结构。这种方法也可以先设定袖肥，再借助袖山斜线计算袖山深，合体服装袖肥公式为2/10B−2cm。

2.袖山造型的变化方法

女上衣基型采用的是合体服装的高袖山袖型结构，袖肥比较合体，穿着后静态造型挺拔，但活动量较小。对于宽松结构的服装款式可以通过降低袖山深的高度来增大袖肥尺寸，从而增加袖子运动的活动量。如将袖山深调

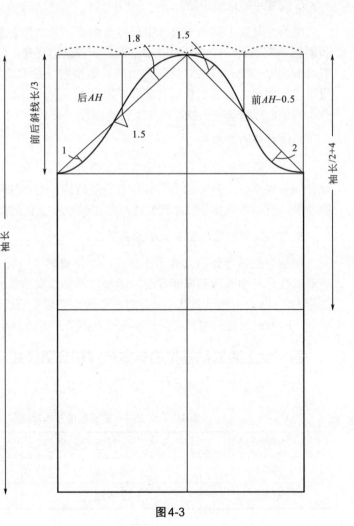

图4-3

整为前后袖山斜线/3–1 ～ 3cm。

3.前、后袖山斜线的确定方法

女上衣基型板前后袖山斜线长的确定要在前后袖窿长度的基础上，考虑袖山的缩缝量来决定。当前、后袖山斜线长分别等于前、后袖窿长时，后袖山的缩缝量约为1cm，前袖山的缩缝量约为1.3cm。考虑服装制作工艺要求，通常将前袖窿弧长预先减去0.5cm，来减少前袖山缩缝量。在实际制图时，前后袖山斜线长要根据袖子制作工艺要求和面料厚度来决定。

第四节　女上装前后衣身平衡设计原理

由于女体前胸凸量的作用，女体前腰节一般长于后腰节1.5cm左右，又由于后背的弓形结构，前袖窿深一般小于后袖窿深2.5 ～ 3cm，这使女装前、后片侧缝长度不一致，由此产生的中间的差量就是胸省。当前、后片腰节线在一条水平线上时，这个胸省量约为3.5cm。这时的服装胸省收量最大，是一种贴体型服装结构。但在女装结构设计的实际应用中，贴体服装应用不多，考虑到穿着的舒适性和运动功能性，一般女装采用合体结构的较多。如在女上衣基型板中，将胸省设为2.5cm，剩余的1cm转到了前腰节处，这是最常见的合体女装的结构特征。对于宽松服装来说，可以忽略或减小胸省的作用，这时胸省量的一部分转移到底边，一部分转移到前袖窿中形成松量，这是宽松女装的结构特征。无论哪种服装结构，都必须考虑前后衣长、前后袖窿、前后侧缝的对应关系，这就是前后衣身结构平衡。而解决前后衣身结构平衡问题的关键就是胸省量的大小及其分解方法。

一、贴体女装前后衣身平衡

贴体女装基型结构将胸省设为最大，约为3.5cm，将前后腰节线放在一条水平线上，同时抬高前衣长线使前后衣长线相差1.5cm，而前袖窿和前衣长的长度保持不变。这种服装结构贴身穿着，能够体现女体玲珑的曲线，但是活动不方便，适用于礼服或无领无袖的紧身连衣裙（图4-4）。

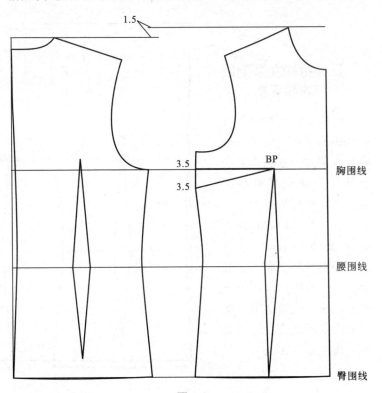

图4-4

二、合体女装前后衣身平衡

　　合体女装基型结构增加了人体基本的活动量，将胸省减少为2.5cm，剩余的1cm转移到了前腰节线，前后衣长线相差0.5cm。这种服装结构使用范围广泛，普遍适用于各种合体的女式服装，比如西装、风衣、衬衫等（图4-5）。

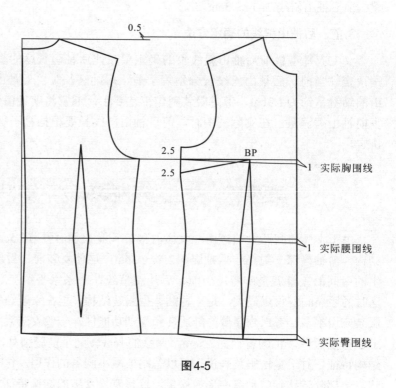

图4-5

三、宽松女装前后衣身平衡

　　宽松女装基型结构没有合体的要求，可以省略或减少胸省，把胸省多余量转移到底边或前袖窿处，为了使前袖窿不至于过大，一般将后衣长高于前衣长0.5～1cm。这种结构穿着后腋下和下摆处会有一些斜绉，出现不平服的现象，一般适用于宽松的大衣、夹克、运动装等服装款式（图4-6）。

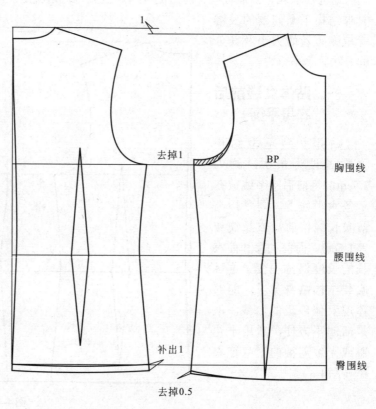

图4-6

第五章
女上装衣身结构设计

 本章知识点

- 省结构设计原理及应用。
- 分割线结构设计原理及应用。
- 褶、裥结构设计原理及应用。

 **本章应知应会**

- 掌握省的结构设计方法。
- 掌握分割线结构设计方法。
- 掌握褶、裥结构设计方法。

女上装的衣身结构变化主要有省、分割线、褶裥三个方面，三者既可以是单独的服装结构，也可以相互组合成新的服装结构。本章的所有结构变化都是在服装上衣基型板的基础上进行的，其中衣省结构设计考虑到全胸省的因素，只截取了上衣基型的腰围以上部分。

第一节　省道结构设计

一、省的形成原理及结构特性

人体是一个复杂的不规则立体结构，由很多凸点构成人体的曲面结构，这些凸点有胸凸、臀凸、腹凸、肩胛凸、肩凸、肘凸等。而为了使服装造型符合人体结构，满足凸点部位合体要求的最直接办法就是收省，收省是服装结构设计中应用最多的技术手段。

省的结构有以下两方面的特性。

1.分散性

服装结构设计就是将平面的衣片组合成立体服装造型的过程，平面衣片分解得越多，所形成的立体造型越接近人体曲面。如同制作一个球体，分解的片数很少的话，只能做成多棱体；分解片数很多时，组装起来就能够接近球体。因此，省的数量越多，越分散，服装立体造型越明显。

2.移位性

虽然人体的凸点位置很多，但是在服装设计中，很少做贴身的结构设计，所以通常只要选取1～2个主要凸点收省就能够达到合体的目的。而省的位置不同就会产生不同的曲面形式，而取得不同的立体造型效果。所以可以通过省的移位性来获得结构设计所需要的服装造型。

二、省道的位置设计

省道是以人体凸点为中心呈放射状设计的，可以单个集中，也可多个分散，女上装前片的凸点在胸点，围绕胸点可以设置领口省、肩省、袖窿省、腋下省、腰省等，后片的凸点在肩胛骨凸起，围绕这个点可以设置领口省、肩省、袖窿省、背中省、腰省等（图5-1）。

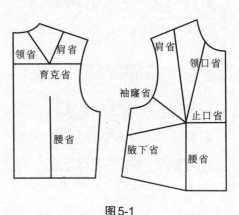

图5-1

三、省道的形态设计

由于人体各部位凸起凹进程度不同，所以省量的大小、长短都不同，省道的形态要根据衣身与人体的贴合程度而定，不能将所有省道设计成直线形，而要根据人的体表不同的曲面形态，设计成弧度和宽窄变化不同的省道（图5-2）。

四、省尖点的设计

省尖点应当指向人体凸起部位的最高点，由于人体凸起部位为曲面结构，省尖点与凸起点应保持一定的距离。服装越贴体，省量越大，省尖距离凸点越近。反之，省量越小，离凸点距离越远，缝合后立体效果就越不明显（图5-3）。

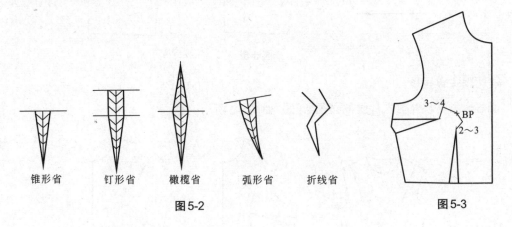

锥形省　　　钉形省　　　橄榄省　　　弧形省　　　折线省

图5-2　　　　　　　　　　　　　　　　　　　　图5-3

五、省道转移原则及方法

在省所形成立体效果不变的情况下，省道转移必须遵循以下原则：一是省的转移必须围绕省尖端点进行；二是转移后不能改变省的大小（省的大小指省所形成的角度，而不是省的宽度）；三是当省道不通过凸起点时，应通过作辅助线的形式连接凸点完成省道转移（图5-4）。

省转移的基本方法有两种，一是旋转纸样法，二是纸样剪开法。无论哪种方法都必须保持衣片的整体平衡，以保证前后衣片的腰节线能够正确对位。

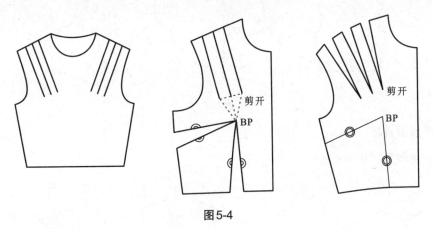

图5-4

六、省道转移实例

1.胸省转领口省

胸省转领口省如图5-5所示。

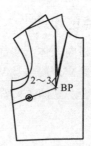

图 5-5

2. 胸腰全省转移

胸腰全省转移（前衣片腰部必须断开）如图 5-6 所示。

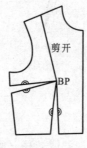

图 5-6

3. Y 字型中心省转移

Y 字型中心省转移如图 5-7 所示。

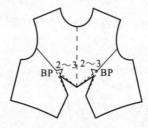

图 5-7

4. 平行省道转移

平行省道转移如图 5-8 所示。

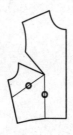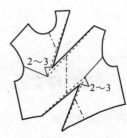

图 5-8

第二节　分割线结构设计

一、分割线的作用

在女装的结构造型设计中，分割线是表现服装设计风格、实现服装造型的重要手段，通过分割线的各种变化可以使服装更具表现力。

女装的分割线形态各异，作用也各不相同。有的分割线是依据人体曲面造型而设计的，作用与省道相同，它的形态特征要遵循省的结构设计原理。有的分割线没有经过人体主要凸起点，设计中主要考虑的是形式美和造型要求，仅起到设计装饰作用。

二、分割线的形成原理

分割线的形成原理实际上就是连省成缝原理，女装结构设计中，为了表现人体体型曲面特征，要通过不同形态的省道来实现服装的立体造型，但是过多的省道会影响服装的美观。因此，在实际结构设计中，通常将各省道剪开形成分割线的形式，这就是连省成缝。

三、连省成缝应遵循的原则

（1）分割线应尽可能通过人体凸点或接近凸点，这样能够最大限度地达到合体的目的。

（2）分割线应尽可能选取在人体曲面形态的分界线上，以利于表现合乎人体特征的服装立体造型。

（3）分割线连省成缝应遵循省的结构原理和省的形状及大小设计原则。

（4）分割线连省成缝在凸点处要重合顺延一段曲线，并画顺两段连接曲线，使其美观。

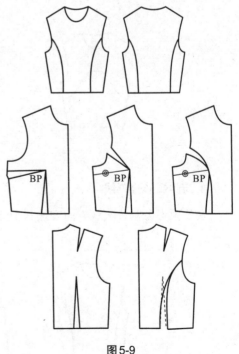

图5-9

四、分割线的典型案例

1.公主线分割

公主线是女装中的一种常见的分割线，是连省成缝的典型形式，它是将胸省或肩省通过BP点与腰省连接起来，形成两条长度相等，弧度不同的分割线。也被称为"刀背分割线"，根据位置和形状不同，有指向肩部的直刀背和指向袖窿的弧形刀背之分。公主线分割的作用与收省相同，但比收省更能顺应人体的曲线，更能突出人体胸、腰部的曲线美（图5-9、图5-10）。

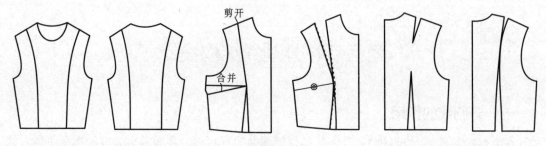

图 5-10

2. 肩胛省转后分割线

肩胛省转后分割线的方法和步骤如图 5-11 所示。

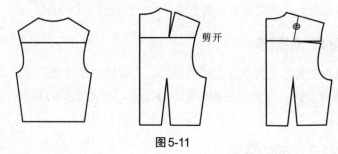

图 5-11

3. 前衣片波浪弧形分割线

前衣片波浪弧形分割线的方法和步骤如图 5-12 所示。

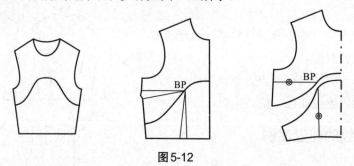

图 5-12

4. 前侧弧形分割线

前侧弧形分割线收胸省的方法和步骤如图 5-13 所示。

图 5-13

第三节 褶裥结构设计

一、褶裥的作用

平面的衣片穿在人体上，在不同位置会有不同程度的空隙，为了使平面的服装纸样符合人体的曲面形态，除了使用收省和分割线的方法，还可以通过褶裥的方法来解决。打裥、抽褶是服装的主要造型手段，它既可以使平面的衣片符合人体体形，又可以通过褶裥的装饰变化增强服装的艺术性和视觉审美效果。

二、褶裥的分类及形成方法

褶裥的种类及变化很多，有的是将省量转换为褶裥，用来替代省道，起合体作用。有的是在服装的具体部位进行抽褶处理，形成面料装饰效果。

褶裥是依据服装款式设计，在相应的位置上剪开平移一定的量来得到的。抽褶和打裥量的大小要根据服装结构设计的需要和款式设计要求来确定。

褶一般可分为自然褶和规律褶。自然褶随意、多变，表现力很丰富；规律褶庄重有秩序、表现出动感特征。褶的常见应用有碎褶和花边褶饰，碎褶如常见的灯笼袖、灯笼裤等，抽褶可以使服装有柔软和膨胀感，比较适合童装和表现年轻的服饰。花边褶饰一般多用在肩、领、袖、搭门、衣裙等边沿装饰上。由于褶波浪起伏，能产生很强的质感和量感，因此，往往是服装的装饰重点。裥的一般形式有顺风裥、暗裥、对裥等，常用于衣片下摆和裙片结构中。

褶裥一般都与分割线结合使用，因为分割线可以固定保持褶、裥的形态。

三、褶裥的典型案例

1.腰省收细褶

腰省收细褶的方法和步骤如图5-14所示。

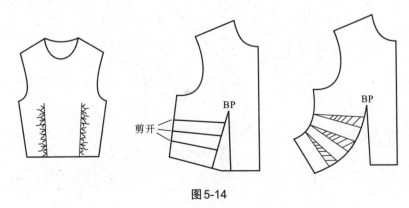

图5-14

2. 前胸分割线收细褶

前胸分割线收细褶的方法和步骤如图5-15所示。

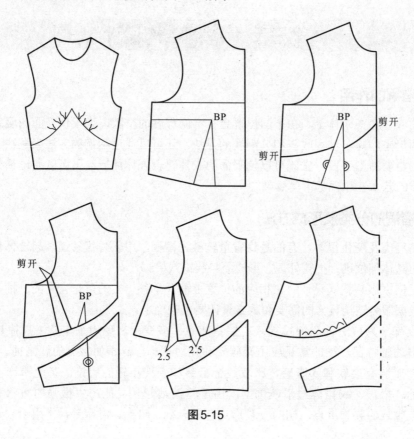

图 5-15

3. 侧缝垂褶

侧缝垂褶的方法和步骤如图5-16所示。

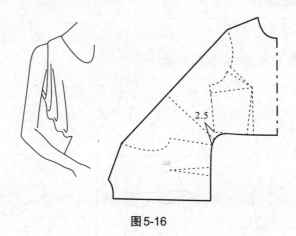

图 5-16

第六章
女上装衣领结构设计

本章知识点

- 衣领结构及分类。
- 无领结构设计原理。
- 立领结构设计原理。
- 坦领结构设计原理。
- 翻领和驳领结构设计原理。

本章应知应会

- 理解常见领型结构设计原理。
- 掌握衣领结构纸样变化技巧。

　　衣领位于服装的视觉中心，是最引人注目的部位。女装衣领造型变化非常丰富，是服装设计的重要内容之一。衣领主要分为领口结构和衣领结构两部分。领口的基本结构要符合人体颈部形态特征，衣领结构要与领口在形状、大小相吻合，领口与衣领的相互组合与变化构成了造型各异、丰富多彩的领型。

　　衣领主要分为无领型、有领型两大类。无领型分为开门式和套头式。有领型分为单立领、翻立领、坦领、翻驳领等。

第一节　无领结构设计

　　无领是领子结构中最简单的领型，它只需要设计前后领口的平面形状，不涉及复杂的立体结构造型，因此无领结构设计其实就是衣身前后领口的结构设计。

　　无领按照形状可以分为圆领口、方领口、V领口、一字领等。

　　无领结构设计要考虑女体前胸和后背的体型特征，由于女体胸部凸起，前领口处往往容易起空，为了解决这个问题，开门式的无领口结构一般将胸省的一部分转移到前门襟处，使前止口胸上部分呈曲线，从而形成了撇胸结构。撇胸能够帖服女体前胸的球面形态，使衣服前胸部位帖服（图6-1）。套头式的无领口结构为了使前领口处帖服，可以在后领口宽不变的情况下，减少前领口宽，这样在前面形成反撇胸，从而使前衣片帖服（图6-2）。

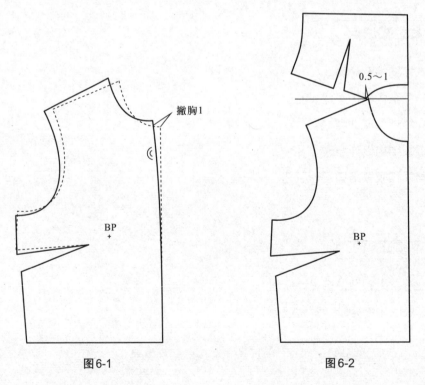

图6-1　　　　　　　　　　　　　　　　图6-2

　　有些无领结构可以结合褶裥完成结构设计，形成特殊的领口结构形式。例如将前领口剪开加大，这样与后领口缝合后，前胸出现波浪形状，也称为垂浪领（图6-3）。无领结构还可以与胸省结合，将胸省转移到领口，如针织衫在前领口抽碎褶的结构设计（图6-4）。

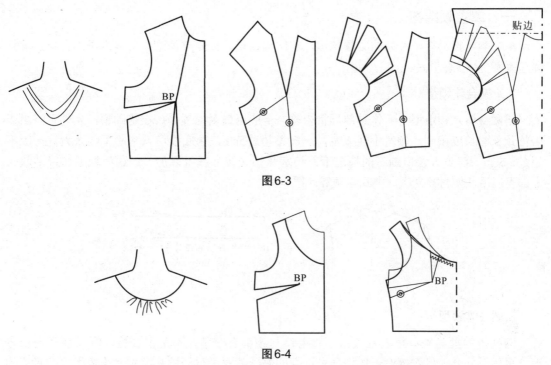

图6-3

图6-4

第二节 立领结构设计

立领结构是所有领子结构的基础，它的结构特点同样适用于翻领、驳领等其他领型。立领的基本结构有3种，因为立体造型的不同，侧面展开的平面形状也不同，如垂直领口的立领展开平面为长方形，贴合人体颈部的立领展开平面为向上弯曲的扇形，而领上口散开的立领展开平面为向下弯曲的扇形（图6-5）。由此可见，领底线的弯曲方向和弯曲程度是立领结构的关键。

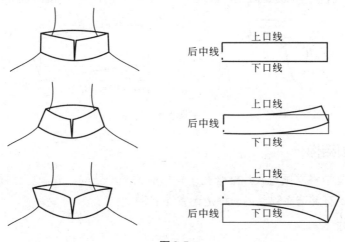

图6-5

一、单立领结构

单立领是指只有一片领的立领结构，它结构简单，按照立体造型可分为正圆台体、圆柱体和倒圆台体3种形式。

1.正圆台体领型

正圆台体立领造型与人体颈部形状相符，是应用最多的领型。在基础领口条件下，由于人体颈部的长度限制，领宽不能太宽，一般不超过5cm，领底线前端翘起不能太大，一般不超过2.5cm。在加大领口围度的情况下，领宽和领底线上翘可以加大。这种领型在很多款式上都有应用，如衬衫立领、中式立领等（图6-6）。

 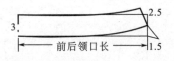

图6-6

2.圆柱体领型

圆柱体领型与领口呈垂直关系，领上口与颈部有空隙，不是很合体，侧面展开为长方形，多用于外套、风衣等对合体性要求不高的服装款式，也经常与前衣片结合组成翻驳领的形式（图6-7）。

 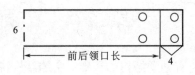

图6-7

3.倒圆台体领型

倒圆台体立领造型领上口远离人体颈部，呈喇叭型，侧面展开呈向下弯曲的扇形。这种领型一般领子很高，有很强的装饰效果，体现了大气、稳重的风格，如旗袍的凤仙领（图6-8）。

 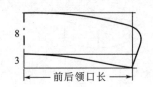

图6-8

二、连立领结构

连立领结构是指将立领与衣片结合在一起形成的领子结构，外观呈立领造型。它的结构分为两种，一种是有省连立领，另一种是无省连立领。

1.有省连立领

有省连立领是将前胸省和后肩省分别转移至前后领口，将立领分成几段，分别组合在前、后片领口上，借助省的宽窄形状变化形成一种新的连立领结构。这个连立领与单立领有相同的结构特征，它的领底线就是衣片的领口线（图6-9）。

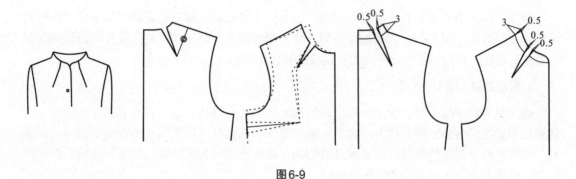

图6-9

2.无省连立领

一般无省连立领立起不是很高，严格讲属于无领型的一种结构，因为它不能借助省道的变化来完成领的立体造型。但是可以利用面料的延伸性能通过拔开拉伸等工艺手段完成立领造型。为了使衣领容易立起来，在结构设计时，一般要将前领宽加宽2～3cm，并将前领深低落2～3cm，使前领口线弧度略直，方便衣领立起来（图6-10）。

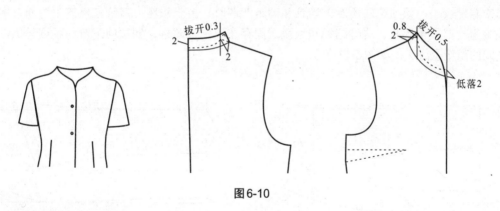

图6-10

3.连立领与单立领结合

连立领也可以与单立领结构结合使用，如前片领采用连立领形式，后片领采用单立领形式，并将两片结构组合在一起形成另一种连立领结构（图6-11）。

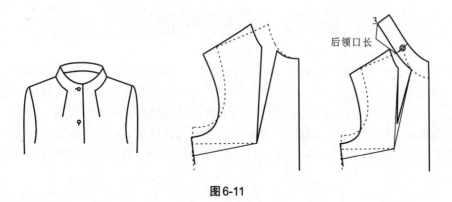

图6-11

三、翻立领结构设计

翻立领结构由领座和翻领两部分组成，领座就是单立领结构，它是翻领的基础，也是衣领整体造型的决定因素，所以将翻立领划分到立领结构中。翻立领在结构设计时，领座和翻领要分别进行，它们有着各自不同的结构特征和变化规律。

1.领座的结构设计

翻立领的领座部分可以看成是单立领结构，它的结构设计方法符合单立领结构特征，也就是说领底线的弯曲方向和弯曲程度是它结构设计的关键。可以说领座部分是翻领部分的基石，在进行翻立领结构设计时，要通过观察领子的外观造型，来分析、判断领座部分的立体造型，最后才能具体确定领座的平面结构。

2.翻领的结构设计

翻领覆盖在领座之上，翻领的容量必须大于领座，两者的相互配合关系是翻领结构设计的重点。领座的造型形式不同，翻领的结构设计要求也不同。如当领座向上弯曲时，翻领要想盖住领座，必须使翻领的弯曲程度大于领座的上口线弯度的弯曲程度，体现在制板中就是翻领翘度至少要大于领座翘度1cm。这时翻领容量大于领座，翻领能够盖住领座，但是两者之间空隙量较小，如图6-12所示。当领座向下弯曲时，由于领座上口线自然向下弯曲，所以翻领容量一定大于领座，这时翻领和领座之间存在一定空隙量，翻领向下弯曲程度越大，两者之间的隙量空越大，如图6-13所示。

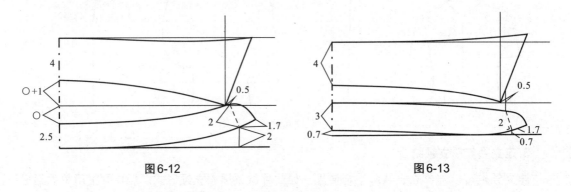

图6-12　　　　　　　　　　　　　　　图6-13

第三节　坦领的结构设计

坦领穿着时几乎帖服在人体颈肩部，也称披肩领。坦领结构特点是领座很小或无领座。

坦领领座的出现是为了盖住领底的缝合线，一般领座为0～1cm。坦领制板一般采用肩缝重叠法，就是将前后衣片纸样的领宽点对齐，旋转纸样使前、后肩缝重叠一定量，重叠量的大小决定坦领领座的大小。坦领外口形状要根据款式设计要求画出，领底线为前、后领口线连接画顺，注意要将后领口上抬0.5cm，前领口处低落1cm，这样可以避免领子缝合线外露（图6-14）。

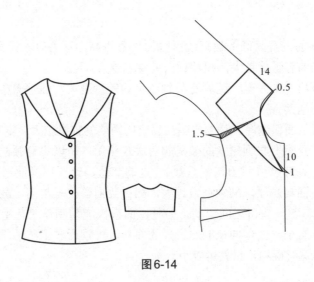

图6-14

第四节　翻驳领结构设计

翻领和驳领在结构上属于同一种领型，驳领是将衣服挂面的一部分同领子一起翻过来，是翻领的一种形式，所以两者也可以统称为"翻驳领"。翻驳领的结构设计关键是如何确定翻领基点位置和翻领松量大小（将翻领宽设为H，领座宽设为H_0）。

一、翻领基点与翻领松量的确定方法

1. 翻领基点的确定

翻领基点是衣领翻折线与上平线的交点，一般用它与领宽点的距离来表示。翻领基点的确定与翻折线前端的位置高低有关。当翻折线前端位置比较高时，在前领中心点附近，如衬衫翻领，这时翻折线与肩斜线的夹角较大，一般取前领宽点为翻领基点。当翻折线前端位置比较低时，在前腰节附近，如西装翻领，这时一般翻领基点较大。由此可见，翻折线前端位置越高，翻折线与肩斜线的夹角越大，翻领基点越小；翻折线前端位置越低，翻折线与肩斜线的夹角越小，翻领基点越大。翻领基点的大小还与领座的大小有关，一般情况下，翻领基点最大取值为$0.7H_0$，随着翻折线位置的由低到高，翻领基点的取值也由大变小（图6-15）。

2. 翻领松量的确定方法

翻领松量是指衣领翻折线在肩线上方的弯曲程度，一般用比例法表示。决定翻领松量的大小有以下三个方面因素。

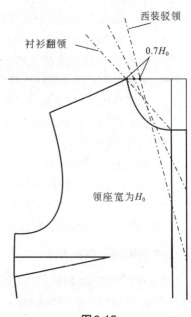

图6-15

（1）翻折线前端的位置高低：翻折线前端的位置越高，穿着时衣领翻折线的截面越圆，需要翻领与领座之间的容量就越大，则翻领松量要求越大。

（2）翻领宽与领座宽的差量：翻领宽与领座宽的差量越大，翻领需要盖住领座的面积越大，则要求翻领松量越大。

（3）面料的厚度：面料越厚，翻领包围住领座所需要的容量越大，则翻领松量越大。

这三个因素中，翻领宽与领座宽的差量起着决定作用，所以将翻领松量的计算公式定为$(H+H_0)$ /1.7（$H-H_0$）。其中前面的翻领系数1.7是调节值，它要根据面料的厚度和翻折线前端位置高低来变化。面料越厚，翻领系数越大，翻折线前端位置越高，翻领系数越大。一般情况下，翻领系数在1.5～2cm之间变动。另外，面料性能与制作工艺手法也对翻领松量的大小有一定的影响。对于一些延伸性能比较好的面料，可以通过工艺手段拔开翻领外口线来增加翻领松量，所以这时翻领松量就可以小一些。

二、翻驳领制板案例

下面以西装驳领和衬衫翻领为例，简要说明翻领的制板方法。

1.西装驳领的制板步骤

由于西装驳领的翻折线前端位置较低，我们将翻领基点设为$0.7H_0$，翻领松量设定为$(H+H_0)$ /1.7（$H-H_0$）。其中，翻领宽H=4cm，领座宽H_0=3cm，如图6-16所示。

（1）确定驳口线，将翻领基点与翻折线最下端连接，然后用仿形法画出驳头及领角的形状。把绱领点设为A，领角点为O。

（2）以衣领翻驳线为对称轴，将左边的领角点O和绱点领A对称画到右边，得到领角点O'点和绱领点A'，画出串口线。

（3）由翻驳线向左画平行线为辅助线，间距为$0.9H_0$，并与串口线相交于点B，与肩斜线相交于C点。连接点B与前领宽点画出前领口线。

（4）由点C顺辅助线向上量取$H+H_0$=7cm得到点D。

（5）再由D点向左做垂线并在垂线上量取1.7（$H-H_0$）=1.7cm得到点E。

（6）将E点与C点用直线连接。

（7）由B点出发向CE画弧线，并顺延至点F，BF弧线长度为前、后片领口总长。

（8）由F点向右做垂线为后领中线，后领中线为点画线。

（9）在后领中线上由F点向右量取H_0=3cm（领座宽）得到点G，再由G点向右量取H=4cm（翻领宽）得到点H。

（10）由H点向下做垂线并画曲线顺延至O'点。

（11）由G点向下做垂线并用点划线画曲线顺延至驳口线。

（12）最后画出女西装领总轮廓线。

2.衬衫翻领的制板方法

由于衬衫翻领的翻折线前端位置较高，将翻领基点设为前领宽点，翻领松量设定为$(h+H_0)$ /2（$h-H_0$）。翻领宽h=4cm，领座宽H_0=3cm。

衬衫翻领的制图方法如图6-17所示。

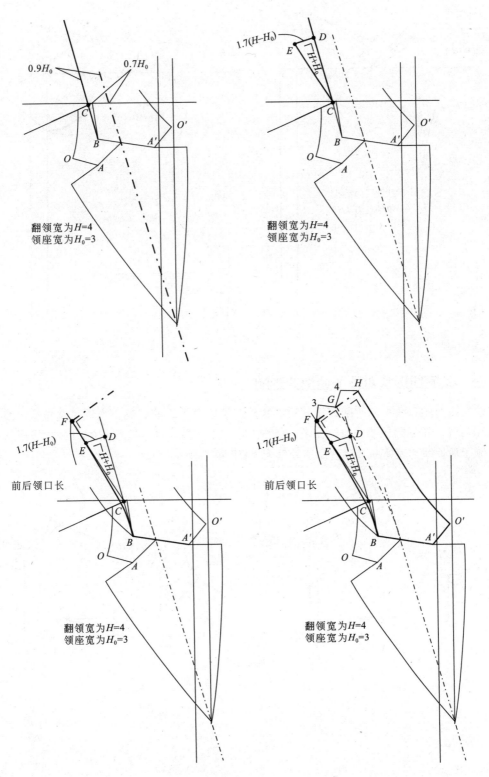

0.9H_0 0.7H_0

C

O'

B

O

A'

A

翻领宽为 $H=4$
领座宽为 $H_0=3$

$1.7(H-H_0)$

D

$\lceil H+H_0$

E

C

O'

B

O

A'

A

翻领宽为 $H=4$
领座宽为 $H_0=3$

F

D

$\lceil H+H_0$

E

$1.7(H-H_0)$

前后领口长

C

O'

B

O

A'

A

翻领宽为 $H=4$
领座宽为 $H_0=3$

4 H
3 G
F

D

$\lceil H+H_0$

E

$1.7(H-H_0)$

前后领口长

C

O'

B

O

A'

A

翻领宽为 $H=4$
领座宽为 $H_0=3$

图6-16

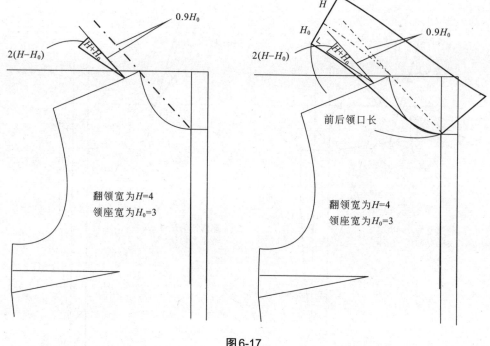

$0.9H_0$

$2(H-H_0)$

$H+H_0$

翻领宽为$H=4$
领座宽为$H_0=3$

H

H_0

$0.9H_0$

$2(H-H_0)$

$H+H_0$

前后领口长

翻领宽为$H=4$
领座宽为$H_0=3$

图6-17

三、领底线形状对领子造型的影响

领底线与领口线不同的配合方式对衣领外观造型有很大的影响。当领底线与领口线曲线形状相仿时，领子翻折线较直，穿着后前领口呈"V"型。当领底线与领口线曲线形状相反时，领子翻折线比较弯曲，穿着后前领口成"U"型（图6-18）。

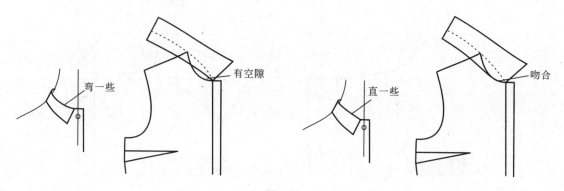

弯一些

有空隙

直一些

吻合

图6-18

第七章
女上装衣袖结构设计

 本章知识点

- 衣袖结构及分类。
- 衣袖结构设计原理。
- 一片袖结构设计。
- 两片袖结构设计。
- 插肩袖结构设计。
- 连袖结构设计。
- 泡泡袖、喇叭袖结构设计。

本章应知应会

- 理解衣袖结构设计原理。
- 掌握衣袖结构设计变化技巧。

衣袖款式变化很多，结构设计也非常复杂，是服装结构中比较难掌握的部分。衣袖结构包括袖窿结构和袖子结构两部分，两者之间的相互配合才能形成衣袖不同的造型。

衣袖的种类很多，从合体程度上可分为宽松型与合体型；从袖片数量可分为一片袖、两片袖、多片袖；从长度上可分为无袖、短袖、半袖、中袖、长袖等。从袖子与衣身结合方式上可分为装袖、连袖、插肩袖等；从袖子的外观造型可分为泡泡袖、灯笼袖、喇叭袖、起肩袖等。

第一节　衣袖结构设计原理

一、袖窿的基本形态

学习衣袖结构之前，首先要了解位于衣身的袖窿结构。袖窿结构是衣袖结构的基础，两者必须紧密配合。可以说袖窿弧线的形态制约着袖山弧线的相应形态。

袖窿结构可分为前袖窿结构和后袖窿结构两部分。通过对女体形态特征及活动规律的研究，可以知道人体肩部向前收拢，手臂的运动也以向前为主，这就要求后袖窿要大于前袖窿，并且需要增加一定的活动量。单独观察女上装基型板的袖窿部分，就会发现实际的前袖窿深一般小于后袖窿深为2.5～3cm，前袖窿弧线相比后袖窿弧线要更弯曲一些，前冲肩的取值为1.5～2.5cm，后冲肩取值较小为1～2cm。如果将前后袖窿合拢，就会发现它的高度与合体袖袖山高度基本一致（图7-1）。

二、袖窿长度与胸围大小的对应关系

根据人体的测量数据，袖窿长度与胸围存在一定的对应关系，在实际服装制板中，袖窿的大小往往由胸宽、背宽和袖窿深决定，而这几个部位的计算公式都与胸围相关，所以胸围是袖窿长度的决定因素。对于不同类型的服装，考虑款式特点及穿着需求，袖窿长度与胸围大小的对应关系也不同，以160/84A的女子中间标准体为例，图7-2为各类别服装与袖窿大小的对应关系（B为加放后尺寸）。

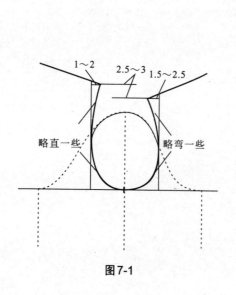

1～2　2.5～3　1.5～2.5

略直一些　略弯一些

图7-1

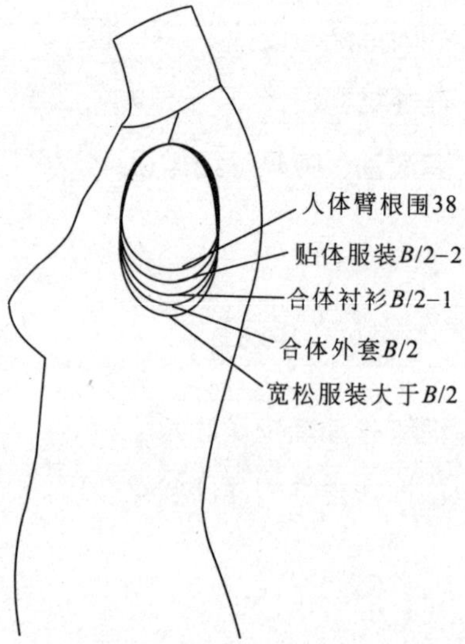

人体臂根围38
贴体服装$B/2-2$
合体衬衫$B/2-1$
合体外套$B/2$
宽松服装大于$B/2$

图7-2

三、袖窿形状与袖山形状的对应关系

袖窿形状由以下两方面决定（图7-3）。

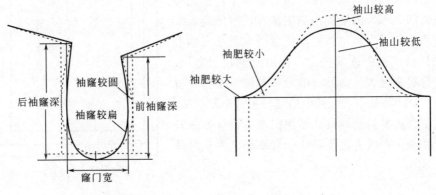

图7-3

（1）袖窿深：指服装肩端点到胸围线的距离即实际袖窿深。

（2）窿门宽：指服装侧面胸宽线与背宽线之间的部分。

合体服装要求袖窿尺寸较小，袖窿深较小，窿门宽要求相对大一些，胸背宽比较合体，袖窿整体形态接近圆形，相对应的袖子结构，要求袖肥合体，袖山较高，服装外观效果合体、挺拔，但是活动量较小。

宽松服装要求袖窿尺寸较大，袖窿深较大，胸背宽较宽松，窿门宽相对窄一些，袖窿整体形态变得狭长，相对应的袖子结构中，要求袖肥宽松，袖山较低，服装活动量大，穿着宽松、随意，但外观效果不合体，腋下余量较多。

四、袖山斜线与袖山缩缝量的关系

完成服装衣身制板后，袖窿弧线长度就已经确定了，画衣袖之前首先要确定袖山缩缝量，以此来确定袖山斜线的长度。袖山缩缝量的大小主要由服装设计风格、服装面料性能、绱袖工艺要求来决定。职业装采用毛呢面料较多，所以要求缩缝量大一些，以体现庄重、挺拔的风格；休闲风格服装采用化纤面料多一些，绱袖为平装袖工艺，所以缩缝量小一些或为零，以表现随意、休闲的风格。

根据实际测量，当前、后片袖山斜线为前、后袖窿弧线长度时，由于弧线长于直线，得到的缩缝量为2～2.5cm，而前袖山由于弯曲较大，得到缩缝量也较大，而在实际绱袖过程中，前袖山缩缝量一般要小于后袖山。当需要减少缩缝量时，就应适当减少袖山斜线的长度。考虑到前袖山缩缝量小于后袖山的特点，通常预先把前袖山斜线的长度减少0.5cm再进行计算（图7-4）。

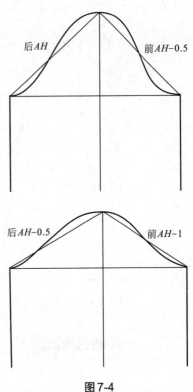

图7-4

五、袖山高与袖肥的关系

在衣袖结构中，袖山高与袖肥是相互制约和相互配合的关系，在袖山弧线长度一定的条件下，袖山与袖肥成反比例关系。随着袖山高的加深，袖肥逐渐缩小，袖山造型趋于合体，其活动松量越来越小。随着袖山高的降低，袖肥逐渐变大，袖山造型趋于宽松，其活动松量越来越大。高袖山的合体袖腋下平整，没有多余量，但活动量小；低袖山的宽松袖腋下褶很多，但活动方便。衣袖的结构设计要根据款式设计要求及穿着功能要求，在两者之间寻找一种平衡，呈现最佳效果（图7-5）。

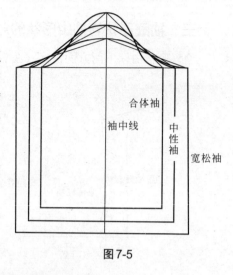

图7-5

第二节 衣袖结构设计方法

一、衣袖基本形态

由于人体手臂肘部凸出，手臂下半段呈向前弯曲的状态，在合体衣袖的结构设计中，应将袖中线在袖口处偏前2～2.5cm（图7-6）；对于一片袖来说，可以直接将袖中线在袖口处前移2～2.5cm（图7-7）。两片袖结构可以通过借助大小袖的袖缝线来实现这种效果（图7-8）。

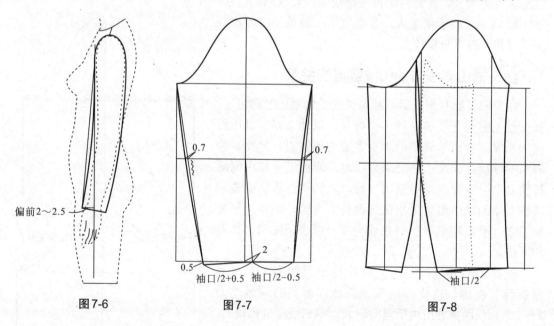

图7-6   图7-7   图7-8

二、一片袖结构设计

一片袖从结构上分可分为两种。种是一片直筒袖，袖身没有做合体结构处理，呈直袖筒，一般用于女衬衫或宽松外套。另一种是一片合体袖，袖身结构考虑了人体手臂向前弯曲的形态，将袖口的中线前移2.5cm，同时在结构上设置了袖肘省或袖口省，一般用于旗袍等合体女装（图7-9、图7-10）。

一片袖结构设计的关键是袖山深的大小，一般合体袖袖山深取值较大，为前后袖山斜线长/3减去0～1cm。宽松型结构袖山较低，一般可定为前后袖山斜线长/4～前后袖山斜线长/5。袖山斜线可根据袖山缩缝量的大小进行相应调整，衬衫类袖山缩缝量一般小于1cm，所以前袖山斜线为前AH减去1cm，后袖山斜线为后AH减去0.5cm。外套类袖山缩缝量一般大于2cm，所以前袖山斜线为前AH减去0.5cm，后袖山斜线为后AH。

一片合体袖结构考虑了人体手臂向前弯曲的形态，在后袖设置了省道，一般设置在袖肘或后袖口处，这种结构也为后面的一片袖转两片袖结构打下了基础。

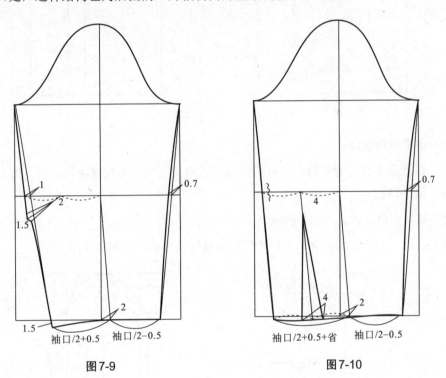

图7-9　　　　　　　　　　　　　　　图7-10

三、两片袖结构

两片袖因设置了前后袖缝，使袖子能够符合人体手臂的弯曲形态，是比较合体的一种袖子形式。它的结构一般可以通过一片袖结构转换而来。

两片袖制图的步骤如下。

1.一片袖制图

量取衣身前后袖窿尺寸，根据绱袖工艺要求及面料性能确定前后袖山斜线长度，计算合体袖袖山高=前后袖山斜线长/3，根据一片袖的制图方法完成一片袖制图（图7-11）。

2.前后偏袖线

设置后偏袖为1.2cm，前偏袖为4cm，以前、后袖肥中线为对称轴，分别向两边画出大小袖的前后偏袖线（图7-12）。

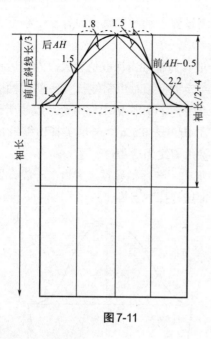

图7-11

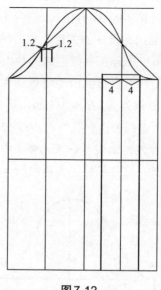

图7-12

3.拼合小袖袖山弧线

以前、后袖肥中线为对称轴，将前后偏袖两边的大袖袖山弧线对称画过来，拼合为小袖袖山弧线（图7-13）。

4.确定袖口，画出大、小袖片轮廓

画出袖口大，并分别画出大、小袖片的前后袖缝线及整体轮廓线（图7-14）。

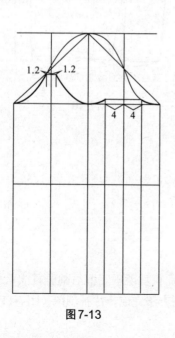

图7-13

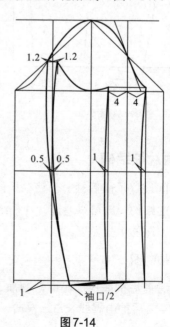

图7-14

5.两片袖结构要点

由于人体手臂的形态向前弯曲，两片袖的前后袖缝的结构设计不同。

前袖缝设置了前偏袖，一般为3～5cm。设置这么大的偏袖，一方面是女装设计风格的原因，另一方面也能够隐藏袖缝的缝合线，并且在袖肘线处向里弯进1cm，体现了手臂向前弯曲的形态。

后袖缝主要起到收省，收袖口的作用，使衣袖形态更合乎手臂形状。后袖缝也可以设置1～2cm偏袖，这可以更好地体现袖子的立体造型，同时也能够隐藏后袖缝合线。

四、插肩袖结构设计

插肩袖是指将衣身肩部与袖子结合为一体的袖型结构。从肩部结构上看，插肩袖与连袖结构相同。但是从腋下结构上看，插肩袖衣身与衣袖有重叠部分，这就解决了连袖结构手臂活动量不足的缺陷。这种将结构将装饰性与实用性结合在一起的结构具有造型自然、肩部圆润、实用性强的特点。

插肩袖的制图步骤如下。

1.确定袖山顶点

插肩袖的袖山顶点一般不在肩宽处，要离开肩宽一段距离，如图7-15所示，插肩袖越贴合衣身，衣袖越合体，袖山顶点与肩宽距离越大；插肩袖越远离衣身，衣袖越宽松，袖山顶点与肩宽距离越小；当袖中线与肩斜线重合时，袖山顶点与肩宽点重合。

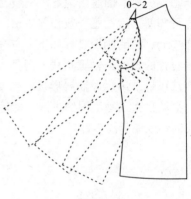

图7-15

2.确定插肩角度

插肩袖的插肩角度一般指肩线延长线与袖中线的夹角，制图中通常用比例法表示。插肩角度是决定插肩袖的造型和功能性的重要因素。插肩角度越大，袖山深越大，袖肥越合体，运动功能性则相对越差；插肩角度越小，袖山深越小，袖肥越宽松，运动功能性越好。插肩角度的最大取值以不影响人体手臂活动为宜，通常情况下，插肩角度最大不超过15/15。由于人体手臂向前弯曲的特点，合体性要求高的插肩袖的插肩角度后袖小于前袖，假设前插肩角度为15/X，则后插肩角度为15/0.8～0.9X（图7-16）。

3.确定袖窿深

插肩袖袖窿深的确定方法要考虑到穿着时腋下的舒适性，比装袖结构的袖窿深要深一些，一般要落下2～4cm，具体视款式的宽松程度而定（图7-16）。

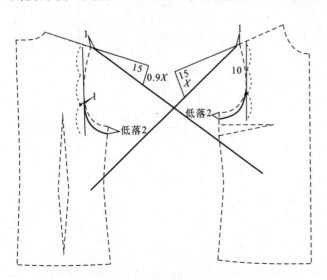

图7-16

4.确定插肩点

插肩点是袖子与衣身在腋下的交叉点，基本经过人体前后腋点附近。一般在前后实际袖窿深的1/3处，宽松袖插肩点可在胸宽线和背宽线上，合体袖插肩点要向里移动0～2cm，因为背宽放松量较大，后片移动量要大一些（图7-16）。

5.确定袖山深及前、后片袖肥

插肩袖袖山深及前、后片袖肥的确定方法可以参考一片袖的制板方法。但考虑到插肩袖袖底与袖窿的对应关系会影响袖肥尺寸，所以通常不直接确定袖山深，而是先确定前、后片袖肥。在基本袖窿结构下，一般合体袖袖肥公式为$1.5B/10$减0～2cm。根据一片合体袖的经验可知前、后袖肥一般相差2cm，所以插肩袖前袖肥确定为袖肥$/2-1$cm，后袖肥确定为袖肥$/2+1$cm。它的制图过程如下：首先在平行袖中线画出前袖肥宽线，然后将插肩点以下袖窿弧线对称的画到前袖肥宽线上得到一点，最后经过这个点向袖中线做垂线，得出袖山深。同样方法可以画出后片插肩形状，必要时可以调整后插肩点和后插肩角度来完成制图。通过先确定袖肥来完成袖制图的方法，能够把握袖子的穿着舒适度，同时也保证了袖底弧线与袖窿弧线的一致性（图7-17）。

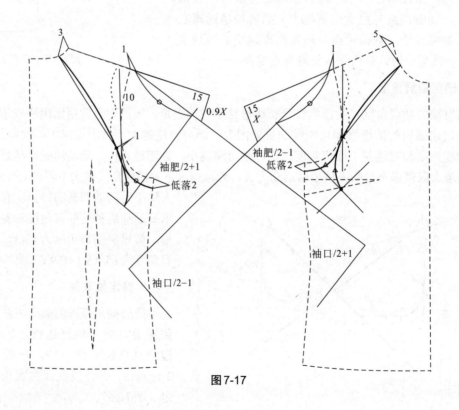

图7-17

6.确定前、后片袖肘与袖口

插肩袖的袖口尺寸与前后袖肥相对应，前袖口为袖口$/2-1$cm，后袖口为袖口$/2+1$cm，将袖肥与袖口连线，在袖肘线略弯曲画出袖里缝线，最后完成制图（图7-18）。

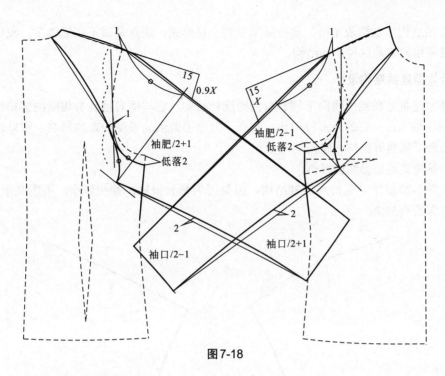

图7-18

五、连袖结构设计

连袖是将衣袖和衣身连为一体、无袖窿的袖子结构。这种结构虽然没有袖窿结构，但是袖窿深的大小直接影响袖肥的尺寸。这种袖型结构简单，造型大方，分为宽松型连袖和合体型连袖两种。

1.宽松型连袖结构设计

宽松型连袖袖中线倾斜角度较小，一般肩斜线与袖中线为同一条线，并且肩斜角度可以调小。因为袖型宽松，要求袖肥较大，所以要加深袖窿深度来保证袖肥尺寸（图7-19）。这种

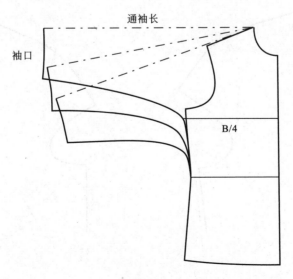

图7-19

袖型是连袖结构中造型最宽松、结构最简单的一种形式，缺点是腋下褶皱较多。我国传统的中式服装采用的就是这种连袖结构。

2.合体型连袖结构设计

合体型连袖是指袖中线向下倾斜较大的连袖结构。它与插肩袖具有相同的结构特性，相对宽松型连袖来说，它的外形较合体、美观，但是手臂活动量受一定的影响，所以通常与衣片分割或腋下插角等结构一起使用。

下面是两款连短袖结构案例。

（1）图7-20虽然是宽松式连袖结构，但是因为袖长很短，袖肥较小，不影响手臂活动，因此袖窿深没有加深。

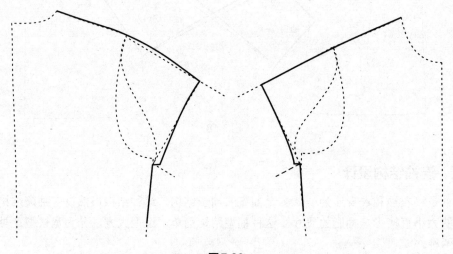

图7-20

（2）图7-21是盖肩袖结构，袖型包肩、合体。因为袖底与袖窿相连，也可认为是无袖结构。

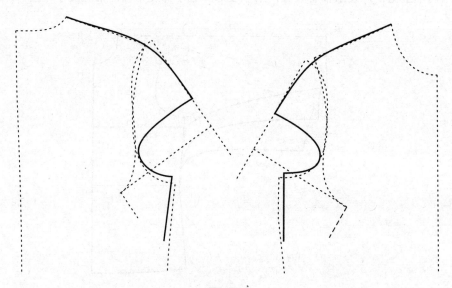

图7-21

六、泡泡袖、喇叭袖结构设计

1.泡泡袖

泡泡袖结构是在基本袖型的基础上，通过纸样剪开、收袖口，展开袖山形成的袖型结构，它的结构变化原理如图7-22所示。从图中可以看出泡泡袖袖山加高了，袖口收进，前后袖弯略直，但袖肥保持不变，这是泡泡袖的基本结构。因为泡泡袖袖山隆起较多，会占用一部分肩宽，所以衣身的肩宽尺寸要改小一些。

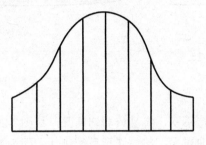
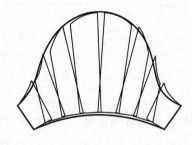

图7-22

在实际制板中，通过调整开剪的位置和展开量的大小可以变化出很多形式不同的泡泡袖款式。如图7-23所示，这是一款小泡泡袖结构。它的剪开线设置在袖山深线以上，这样可以不改变袖肥大小，保持袖子的基本造型不变，因为剪开位置偏上，形成的泡泡较小，肩宽去掉很少或不动。图7-24是大泡泡袖结构，剪开线设置在袖山深线以下，袖肘线以上，这样袖山展开量较大，同时也加大了袖肥，袖山泡泡效果明显，衣身肩宽去掉较多。图7-25是泡泡袖的另一种形式，它的结构是将袖山和袖口同时展开加大，在上下都出现泡泡造型。

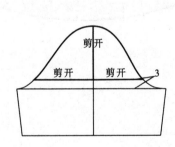
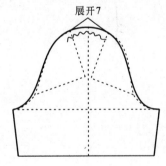

图7-23

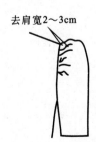
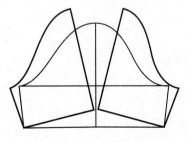
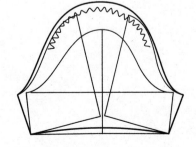

图7-24

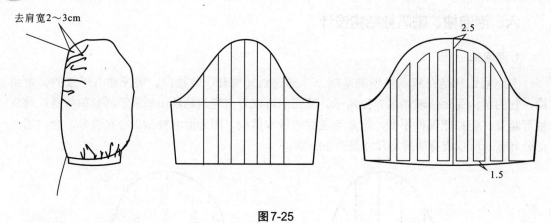

图 7-25

2. 喇叭袖

喇叭袖的结构与泡泡袖相反，袖山长度保持不变，将袖口剪切展开，从图7-26中可以看出，喇叭袖袖山降低，袖口增大，前后袖弯弯曲更大，整体造型呈喇叭状。因为袖山没有隆起，故对肩宽没有影响。

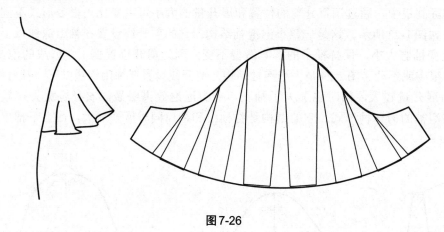

图 7-26

第八章
女上装综合结构设计案例

本章知识点

- 女衬衫结构设计案例。
- 女套装结构设计案例。
- 女大衣结构设计案例。
- 旗袍、连衣裙结构设计案例。

本章应知应会

- 理解常见女装款式结构设计原理。
- 掌握女装结构纸样变化技巧。

第一节　女衬衫结构设计

女衬衫是指春夏季贴身穿着的服装。这类服装面料柔软、纤薄，穿着舒适，贴身性能好。由于面料轻薄，适宜做分割、褶裥处理。在服装结构上，一般合体性要求较高，各部位加放量较小，结构变化丰富，表现效果强。

女衬衫面料选择，要根据设计风格选用轻薄、柔软的天然纤维织物，也可选用轻薄的化纤织物。选择时还应重点考虑与下装的组合效果，在图案、色彩、质地等方面应使上、下装达到统一谐调。

一、女衬衫基本型

1.女衬衫基本型款式特征分析

本款是女衬衫的基本型，结构简单，穿着合体。本款衬衫前后衣身收胸省、腰省，胸腰较合体。前门襟单排五粒扣、连贴边。衣领为方领角一片式小翻领，衣袖为一片合体袖，袖口开一字衩，装袖克夫（图8-1）。

图8-1

2.女衬衫基本型量体加放要点

（1）后衣长：合体女衬衫衣长较短，衣长的设定一般在臀围以上。

（2）腰节位：女衬衫收腰明显，一般要测量前腰位或后腰位，女衬衫的腰节位一般比人体实际腰节位高一点，以体现女性苗条的身材。

（3）胸高位：女衬衫胸部收省，胸凸明显，因此需要测量胸高位，来确定胸省的位置。

（4）胸围：合体女衬衫胸围要求合体，放松量不宜过大，一般加放为4～6cm。

（5）腰围：女衬衫腰围要求合体，放松量不宜过大，一般加放4～6cm，或用胸围减去

14～16cm。

（6）臀围：女衬衫臀围要求合体，放松量不宜过大，一般加放3cm即可。

（7）袖长：女衬衫袖长一般量至手腕下3cm处。

3.女衬衫基本型制板规格

女衬衫基本型的制板规格见表8-1。

表8-1 女衬衫基本型制板规格表 单位：cm

号型	部位	后衣长	胸围	腰围	臀围	肩宽	袖长	袖口	领围
160/84A	规格	56.5	88	74	90	37.5	56	20	38

4.女衬衫基本型制板公式

女衬衫基本型的制板公式见表8-2。

表8-2 女衬衫基本型制板公式表 单位：cm

部位	制板公式
前领宽	$N/5-0.3$
前领深	$N/5$
后领宽	$N/5$
后肩宽	$S/2$
前胸宽	$1.5B/10+3$
后背宽	$1.5B/10+4$
后袖窿深	$1.5B/10+10$
前胸围	$B/4+0.5$
后胸围	$B/4-0.5+0.5$（省）
前臀围	$H/4$
后臀围	$H/4$
袖山高	前后斜线长$/3$

5.女衬衫基本型制板方法

女衬衫基本型的制板方法如图8-2所示。

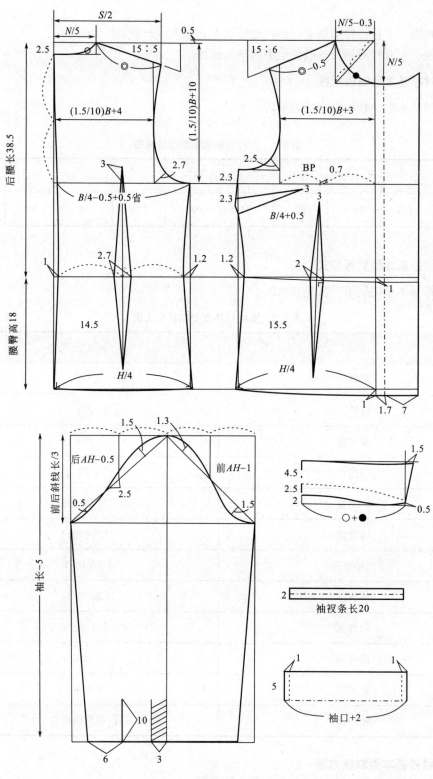

图 8-2

6.女衬衫基本型的结构要点与分析

（1）本款是女衬衫基本款式，采用合体女装基型结构，胸省定为2.5cm，为满足前后衣身平衡，前腰节处低落1cm，前腰省垂直前腰线画出，前衣长线高出后衣长0.5cm。这种结构设计既能体现胸部凸起造型，又能够满足穿着的舒适性，是女衬衫结构设计的常见形式。

（2）本款收腰位置较多，考虑到衬衫穿着的舒适性，腰省的大小比基型板略小，分别为前腰收省2cm，后腰收省2.7cm，侧缝收腰1.2cm，背缝收腰1cm。

（3）本款衣领为一片领结构，造型简单，结构设计采用直接制图法，领底线前端上翘，使前领能够贴合颈部，根据领座与翻领宽度差量，领中线翘起的大小设定为1.5～2cm。

（4）本款衣袖采用一片袖结构，袖型合体，袖山较高。如果想增加袖子活动量，可以选择将袖山高降低0.5～1cm，这样可以加大袖肥，方便活动。

二、前塔克女衬衫

1.前塔克女衬衫的款式特征分析

本款女衬衫为一片式立领结构、前中6粒扣、弧形底边，长袖，袖山设3个褶，分别倒向两边，袖口开一字衩、收细褶、装袖克夫。前衣片胸部有弧形分割线并做塔克工艺，后衣片无中缝，收两个腰省，立领上口及前胸弧形分割装饰荷叶边，整体造型合体、美观（图8-3）。

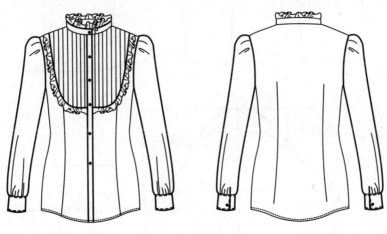

图8-3

2.前塔克女衬衫的制板规格

前塔克女衬衫的制板规格见表8-3。

表8-3　前塔克女衬衫制板规格表　　　　单位：cm

号型	部位	后衣长	胸围	腰围	臀围	肩宽	袖长	袖口	领围
160/84A	规格	56.5	90	76	92	37.5	56	20	38

3.前塔克女衬衫的制板方法

（1）前塔克女衬衫的结构制图可参照女衬衫基本型的结构制图方法与制板公式绘制，如图8-4所示。

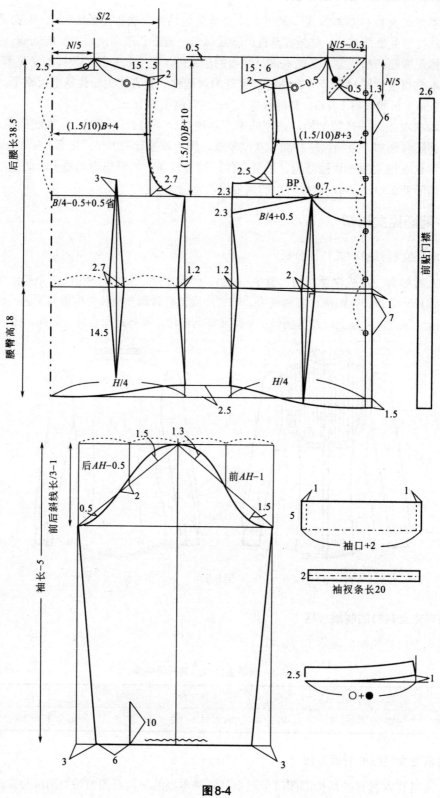

图8-4

（2）前塔克女衬衫的前衣片、袖片结构分解如图8-5、图8-6所示。

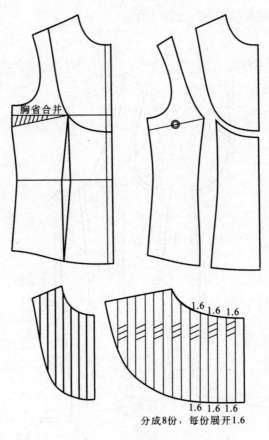

图8-5

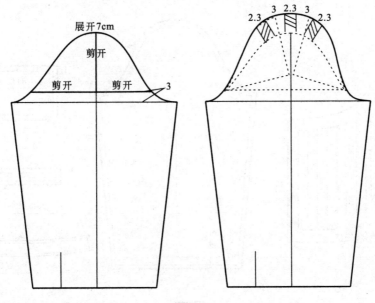

图8-6

4.前塔克女衬衫的放缝图

前塔克女衬衫的放缝图如图8-7、图8-8所示。

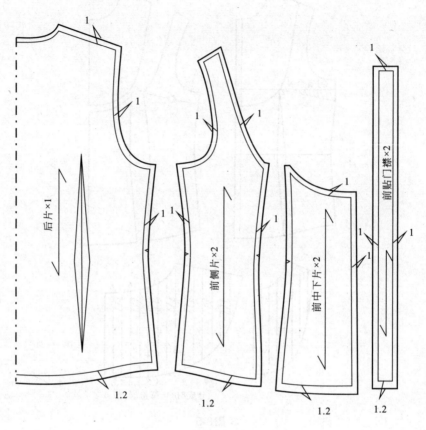

图 8-7

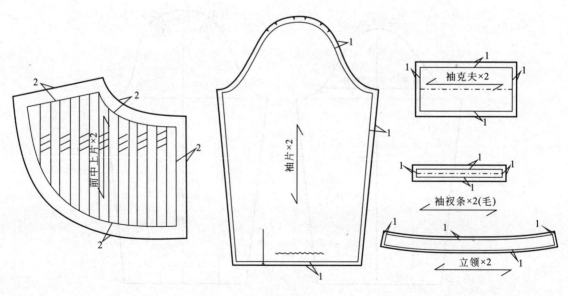

图 8-8

5.前塔克女衬衫的结构要点与分析

（1）本款女衬衫衣身在基本款结构的基础上进行变化，后中无背缝，前胸曲线分割经过胸高点，将胸省量转移至分割线中，前腰省转化为竖线分割。胸部分割部位采用纸样剪开的塔克褶装饰手法，并在边沿装饰荷叶边，既有层次感、线条感，又能凸显女性的端庄柔美。

（2）衣领为一片式单立领结构，领座略上翘，贴合颈部，领上口装饰荷叶边。

（3）衣袖为一片起肩袖结构，肩宽减少2cm，袖山深比基本款调低1cm，袖肥相对大一些，在袖山上进行纸样剪开并展开褶量7cm，分为3个褶，每个褶2.3cm，褶的方向是由中间倒向两边。

三、前止口收褶女衬衫

1.前止口收褶女衬衫的款式特征分析

本款女衬衫为衬衫立翻领、前中止口贴明门襟，贴门襟上边呈V字形。胸部止口处收细褶，4粒扣，直底摆。泡泡短袖，袖口缉明线。前衣片有一个腰省与弧形刀背分割，胸省转移到止口，后片有中缝与弧形刀背缝，收腰明显（图8-9）。

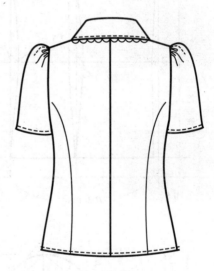

图8-9

2.前止口收褶女衬衫的制板规格

前止口收褶女衬衫的制板规格见表8-4。

表8-4　前止口收褶女衬衫制板规格表　　　　　　　　单位：cm

号型	部位	后衣长	胸围	腰围	臀围	肩宽	袖长	领围
160/84A	规格	53.5	90	76	92	37.5	18	39

3.前止口收褶女衬衫的制板方法

（1）前止口收褶女衬衫的前后衣片、袖片制图可参照女衬衫基本型的结构制图方法与制板公式绘制，如图8-10所示。

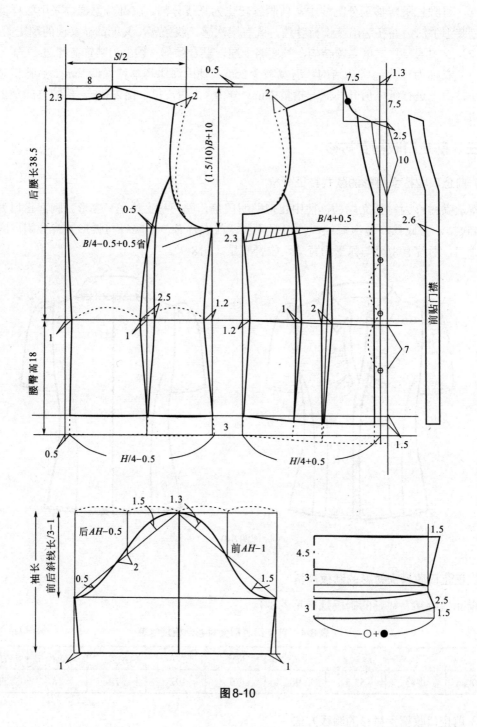

图8-10

（2）前止口收褶女衬衫的前衣片、袖片结构分解图如图8-11所示。

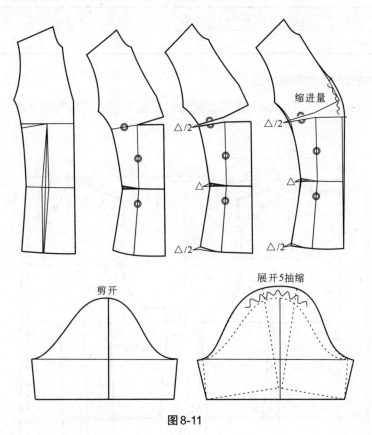

图8-11

4.前止口收褶女衬衫的结构要点与分析

（1）本款女衬衫衣身在基本款结构的基础上进行变化，衣长变短，底边在臀围线上3cm，前片胸省转移到止口处，并增加一定的褶量形成止口抽褶结构。前腰省转为分割线。

（2）衣领为两片式翻立领结构，由于领口变小，领座缩短，没有搭合量，领底线上翘，贴合颈部，注意翻领松量要大于领座。

（3）衣袖为一片式泡泡袖结构，肩宽处减少2cm，先按照女衬衫袖基型做出一片袖，然后将袖中线剪开，在袖山顶部展开约5cm褶量。

四、灯笼短袖女衬衫

1.灯笼短袖女衬衫的款式特征分析

本款女衬衫为关门式立领，前中7粒扣，弧形底边。灯笼短袖，袖口开一字衩，收细褶，装袖克夫。前衣片胸部以下收3个腰省，后衣片无中缝，收两个腰省（图8-12）。

2.灯笼短袖女衬衫的制板规格

灯笼短袖女衬衫的制板规格见表8-5。

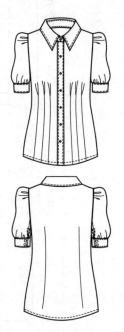

图8-12

表8-5　灯笼短袖女衬衫制板规格表　　　　　　　　　单位：cm

号型	部位	后衣长	胸围	腰围	臀围	肩宽	袖长	领围
160/84A	规格	59.5	90	76	92	38	32	38

3.灯笼短袖女衬衫的制板方法

（1）灯笼短袖女衬衫的结构制图可参照女衬衫基本型的结构制图方法与制板公式绘制，如图8-13所示。

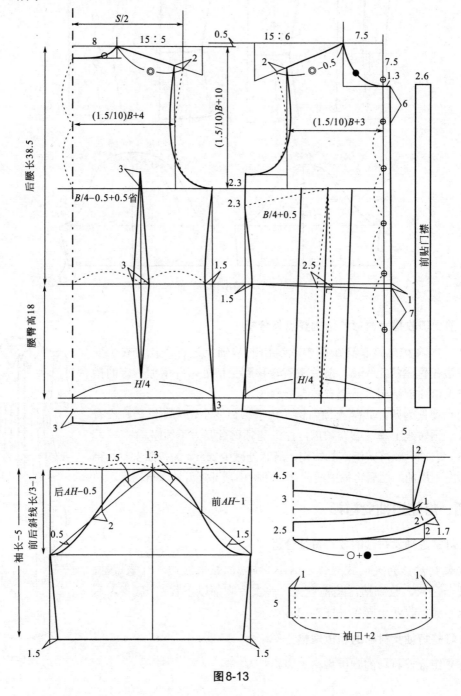

图8-13

（2）灯笼短袖女衬衫的前衣片及袖片结构分解图如图8-14、图8-15所示。

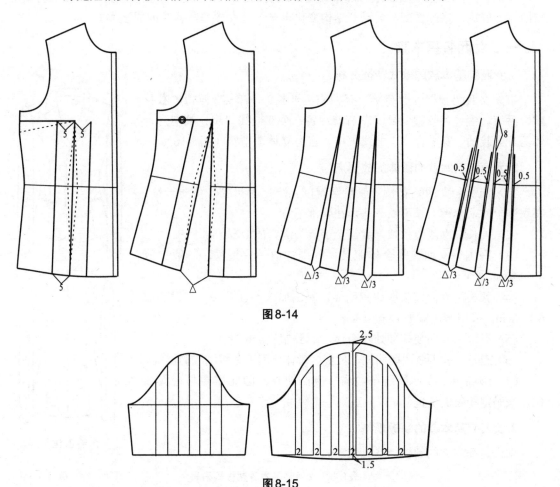

图8-14

图8-15

4.灯笼短袖女衬衫的结构要点与分析

（1）本款女衬衫衣身在基本款结构的基础上进行变化，衣身结构变化主要在前衣片，首先将胸省、腰省合并转移到底边处，然后将多余量分成3份，形成竖向3个褶裥。褶裥上端位置设在胸下8cm处，收裥后穿着贴身凸出胸部造型。

（2）衣领为两片式方领角翻立领结构。

（3）衣袖为一片式灯笼短袖结构，装袖克夫，肩宽处先去掉2cm。先按照女衬衫袖基型做出一片短袖结构，然后在袖中部设置七道竖分割，剪开并分别展开2cm，画顺时袖山顶点处补出2.5cm，袖底部补出1.5cm，抽缩后形成灯笼袖造型。

第二节　女套装上装结构设计

女套装上装是指与裙或裤配套穿着的女上衣，包括职业装、休闲小外套等。职业装一般为正式场合穿着，款型修身挺拔，胸腰部合体，给人干练的感觉。职业装外形变化不多，结构上一般在女装基型的基础上加以转省，分割等变化，相对来说结构变化少，设计比较保守。在面料的选择上一般以毛、棉、混纺等织物为主，穿着挺括，塑形性好。休闲小外套穿着随意、舒适，搭配百变、灵活，结构变化丰富，是女性非常喜欢的服装类型。

一、女西装基本款

1.女西装基本款的款式特征分析

本款女西装领型为西装领，有领座，平驳头，单排3粒扣，衣身前、后有公主缝，收腰明显，左右前片各一个双嵌线口袋。袖型为合体两片圆装袖，穿着合体，曲线突出，富有立体造型感（图8-16）。

2.女西装基本款的量体加放要点

（1）衣长：女西装衣长一般量至臀围上下，套裙衣长可短一些，在臀围上方；套裤衣长可长一些，在臀围下方。

（2）袖长：女西装袖长一般量至手腕与虎口的1/2处。

（3）胸围：女西装是合体服装，胸围加放不宜过大，一般加放8～10cm即可。

（4）腰围：女西装收腰比较明显，腰围加放不宜过大，一般加放6～8cm，或用胸围减去14～16cm。

（5）臀围：女西装臀围处较合体，一般加放5cm即可。

（6）腰节：女西装收腰明显，要根据量体合理确定腰围线的位置。

（7）胸高位：女西装胸部收省，胸凸明显，因此需要测量胸高位，来确定胸省的位置。

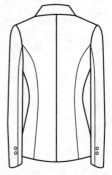

图8-16

3.女西装基本款的制板规格

女西装基本款的制板规格见表8-6。

表8-6　女西装基本款制板规格表　　　　　　单位：cm

号型	部位	衣长	胸围	腰围	臀围	肩宽	袖长	袖口
160/84A	规格	57	90	75	92	38	56	24

4.女西装基本款的制板公式

女西装基本款的制板公式见表8-7。

表8-7　女西装基本款制板公式表　　　　　　单位：cm

部位	制板公式	部位	制板公式
前胸宽	$1.5B/10+2.5$	后臀围	$H/4-0.5-1$（重叠）
后背宽	$1.5B/10+3.5$	前袖窿深	$1.5B/10+10$
前胸围	$B/4+0.5$	前袖山斜线	前$AH-0.5$
后胸围	$B/4-0.5+0.7$（省）	后袖山斜线	后AH
后肩宽	$S/2$	袖山深	前后袖山斜线长$/3$
前臀围	$H/4+0.5$		

5.女西装基本款的制板方法

女西装基本款式的制板如图8-17、图8-18所示。

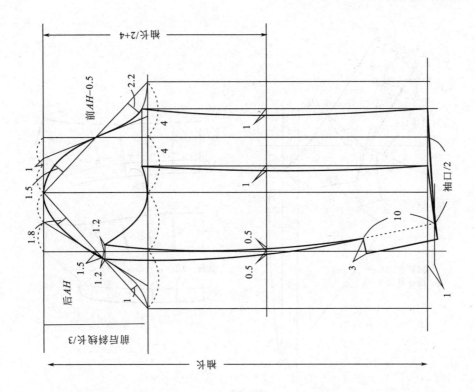

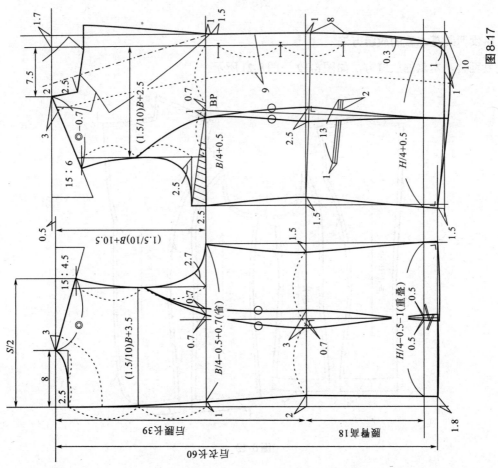

图8-17

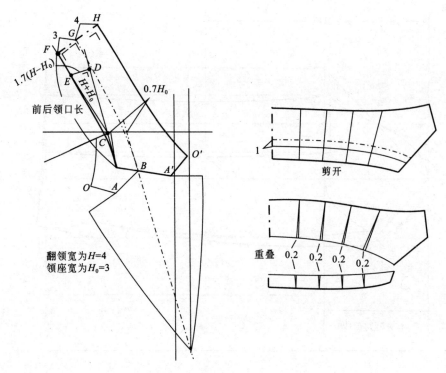

翻领宽为$H=4$
领座宽为$H_0=3$

图8-18

6. 女西装基本款的放缝方法

女西装基本款的放缝方法如图8-19～图8-21所示。

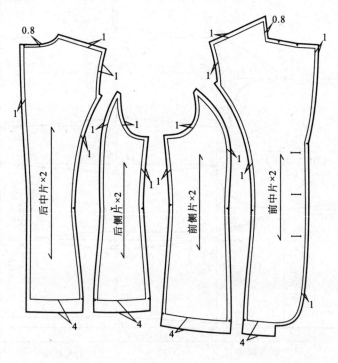

图8-19

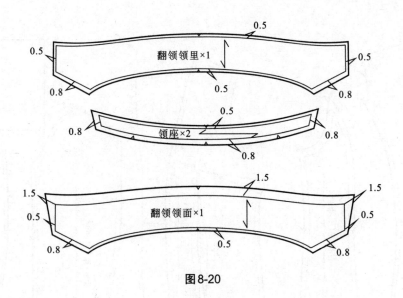

图8-20

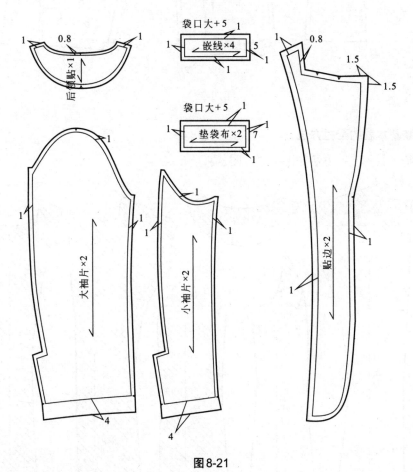

图8-21

7. 女西装基本款的配里方法

女西装基本款的配里方法如图8-22所示。

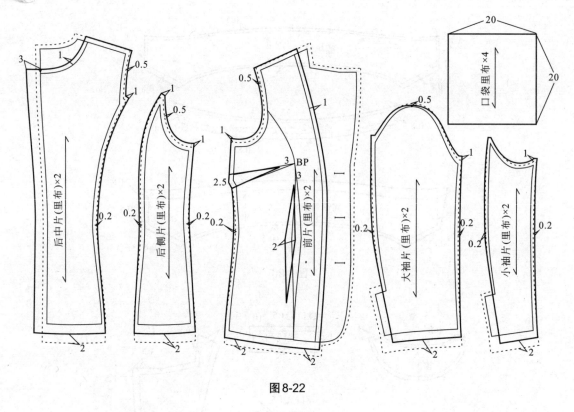

图8-22

8. 女西装基本款的配衬方法

女西装基本款的配衬方法如图8-23、图8-24所示。

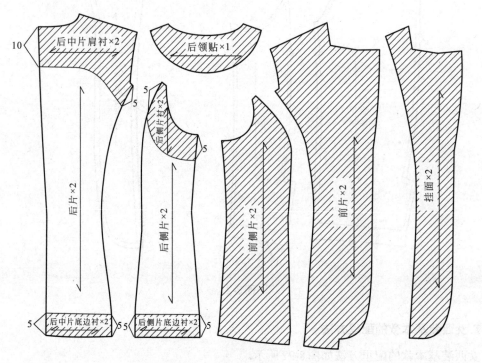

图8-23

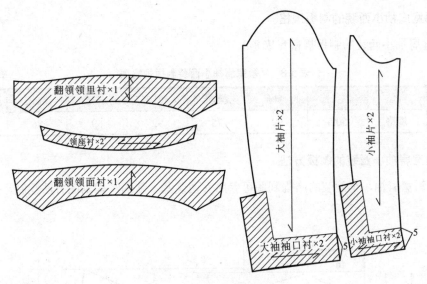

图8-24

9.结构要点与分析

（1）女西装基本款的衣身采用合体女装基型结构，这种结构设计既能体现胸部凸起造型，又能够满足穿着的舒适性，是女西装结构设计的常见形式。

（2）本款女西装前、后衣身采用公主缝结构，收腰较明显，后中收2cm，后腰收省3cm，前腰收省2.5cm，前后侧缝各收腰1.5cm。因为女体臀部凸出明显，后片分割线臀围处重叠1cm。

（3）衣领为两片式翻驳领结构，有领座，造型简单合体。

（4）衣袖采用两片袖结构，袖山较高，袖型合体，前偏袖4cm，后偏袖1.2cm。

二、V领宽肩袖小西装

1.V领宽肩袖小西装的款式特征分析

本款小西装为单排1粒扣，V字领，前后片弧形刀背缝，后中有背缝，收腰明显，袖型为宽肩袖（图8-25）。

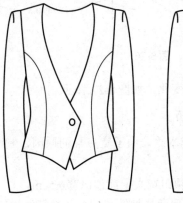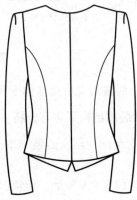

图8-25

2.V领宽肩袖小西装的制板规格

V领宽肩袖小西装的制板规格见表8-8。

表8-8　V领宽肩袖小西装制板规格表　　　　　　　　　　单位：cm

号型	部位	后衣长	胸围	腰围	臀围	肩宽	袖长	袖口
160/84A	规格	50.5	90	75	92	39	56	24

3.V领宽肩袖小西装的制板方法

（1）V领宽肩袖，小西装的结构制图可参照女西装基本款的结构制图方法绘制，如图8-26所示。

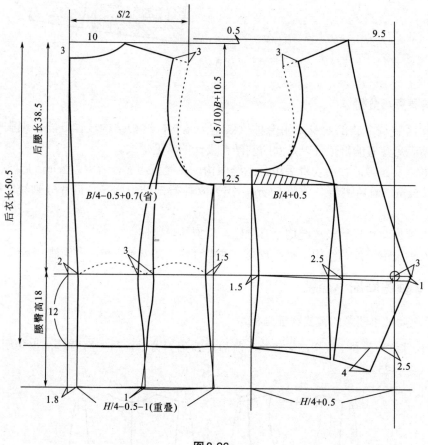

图8-26

（2）V领宽肩袖小西装的宽肩袖结构变化，如图8-27所示。

4.V领宽肩袖小西装的结构要点与分析

（1）本款小西装衣身结构同女西装基本款，由于宽肩袖的原因，制图时将衣身肩宽去掉3cm，与袖拼合。

（2）无领结构，领口呈"V"型，后领口宽大于前领口宽0.5cm。

（3）衣袖采用两片宽肩袖结构，在基型两片袖的基础上，进行结构变化。

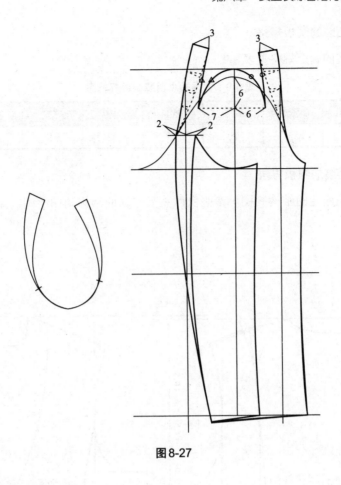

图8-27

三、青果领小西装

1.青果领小西装的款式特征分析

本款青果领小西装为单排1粒扣，前衣片有弧形刀背缝与腰省，前腰节断缝，后片有公主缝与后中缝，收腰明显，袖型为两片式圆装袖（图8-28）。

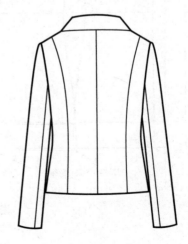

图8-28

2.青果领小西装的制板规格

青果领小西装的制板规格见表8-9。

表8-9　青果领小西装制板规格表　　　　　单位：cm

号型	部位	后衣长	胸围	腰围	臀围	肩宽	袖长	袖口
160/84A	规格	53	90	75	92	38	56	24

3.青果领小西装的制板方法

（1）青果领小西装的结构制图可参照女西装基本款的结构制图绘制，如图8-29、图8-30所示。

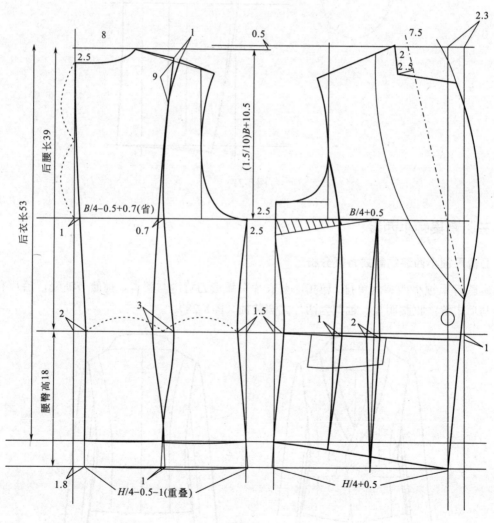

图8-29

（2）青果领小西装的前衣片及领结构变化如图8-31所示。

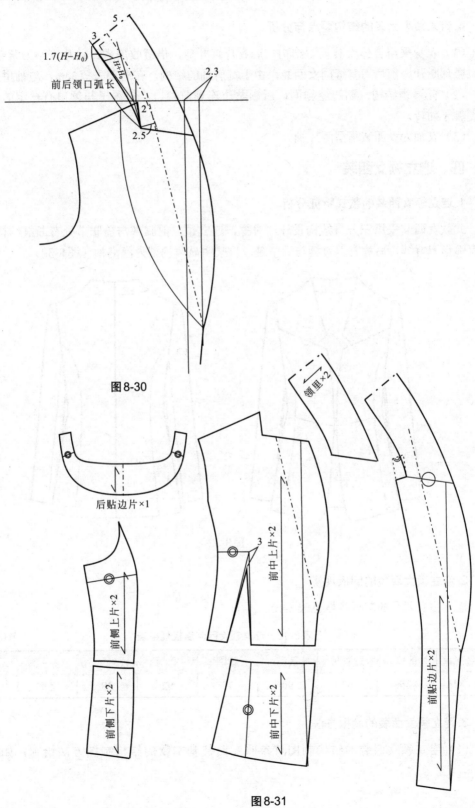

图 8-30

图 8-31

4.青果领小西装的结构要点与分析

（1）衣身采用合体女装基型结构，后衣片直开剪，借缝收肩省，前片有小刀背缝，收胸省，腰部断开。前后刀背缝同女西装，由于宽肩袖的结构，在肩部去掉3cm，与袖拼合。

（2）青果领结构，贴边连领面，后领贴边连到前领口，使领子与领口有一定的重叠量，方便领子翻转。

（3）衣袖为女西装基型两片袖。

四、连立领女西装

1.连立领女西装的款式特征分析

此款女西装采用三开身结构设计，对襟，连立领，前胸部与前腰节处有断缝结构，前衣片有弧形刀背缝，后片有刀背缝与后中缝，收腰明显，袖型为泡泡袖（图8-32）。

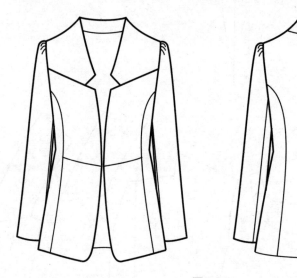

图8-32

2.连立领女西装的制板规格

连立领女西装的制板规格见表8-10。

表8-10   连立领女西装制板规格表   单位：cm

号型	部位	后衣长	胸围	腰围	臀围	肩宽	袖长	袖口
160/84A	规格	67	90	75	92	38	56	24

3.连立领女西装的制板方法

（1）连立领女西装的结构制图可参照女西装基本款的结构制图方法绘制，如图8-33所示。

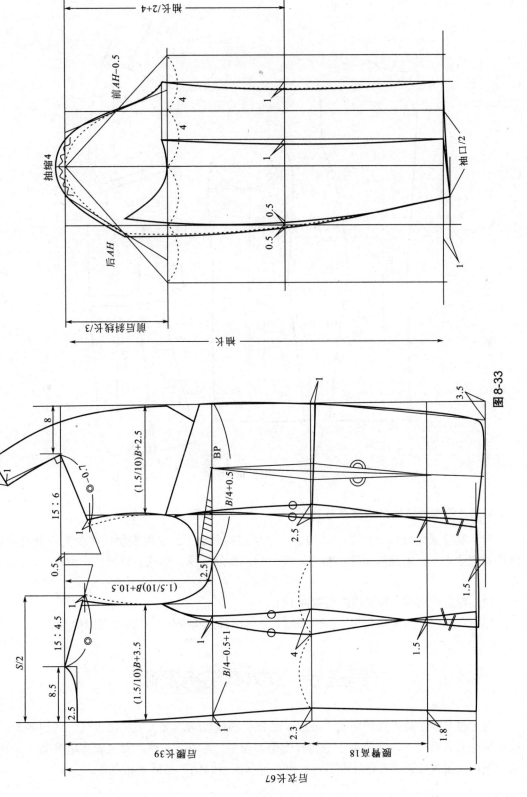

图 8-33

（2）连立领女西装衣身结构分解如图8-34所示。

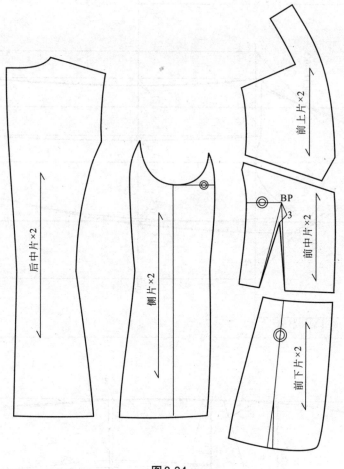

图8-34

4.连立领女西装的结构要点与分析

（1）衣身采用合体女装基型结构，在基型结构基础上，合并侧缝，转换为三开身结构，前片对襟结构，前中腰部断开，胸部斜线分割，在分割线上形成驳口形状，前中衣片胸腰省合并。

（2）连立领结构，领底线向后弯曲1cm。

（3）衣袖在女西装基型两片袖的基础上做泡泡袖结构变化，袖山顶部缩缝4cm。

第三节 女大衣结构设计

女大衣是穿在最外面的服装，一般长度在臀围线以下。女大衣风格大气，结构多变，既有功能性又有时尚性，在廓型上分为收腰型、箱型、A型等几种。女大衣选用羊毛、羊绒等柔软蓬松、保暖性强的天然纤维面料，也有春秋穿着的化纤面料风衣类型。

一、立领双排扣女大衣

1.立领双排扣女大衣的款式特征分析

本款大衣为关门立领，双排扣结构，前衣片刀背缝有横断缝，借缝插袋有袋盖。后衣片背部有育克、公主缝和后中缝，收腰明显（图8-35）。

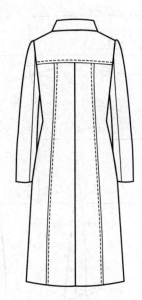

图8-35

2.立领双排扣女大衣的量体加放要点

（1）衣长：女大衣衣长一般量至臀围以下，根据位置不同分为短大衣、半大衣、长大衣等。

（2）袖长：因为穿着季节的关系，女大衣袖长一般长于西装，可以量至虎口处。

（3）胸围：女大衣根据合体程度分为合体大衣和宽松大衣。合体大衣胸围加放要大于西装，一般加放为8～10cm即可。宽松大衣加放量要根据设计风格适量加放，一般为12cm以上。

（4）腰围：合体女大衣同女西装一样，收腰比较明显，一般加放6～8cm，或用胸围减去14～16cm，宽松大衣可以少收腰或不收腰。

（5）臀围：女大衣臀围加放要大于西装，因为衣长较长，为了活动方便，可以多加放一些。

（6）腰节：因为衣长较长，女大衣腰节位置一般低于女西装。

3.立领双排扣女大衣的制板规格

立领双排扣女大衣的制板规格见表8-11。

表8-11　立领双排扣女大衣制板规格表　　　　　　　　　　单位：cm

号型	部位	后衣长	胸围	腰围	臀围	肩宽	袖长	袖口
160/84A	规格	88	94	80	98	39	57	26

4.立领双排扣女大衣的制板方法

（1）立领双排扣女大衣的结构制图可参照女西装基本款的结构制图的方法与步骤绘制，如图8-36、图8-37所示。

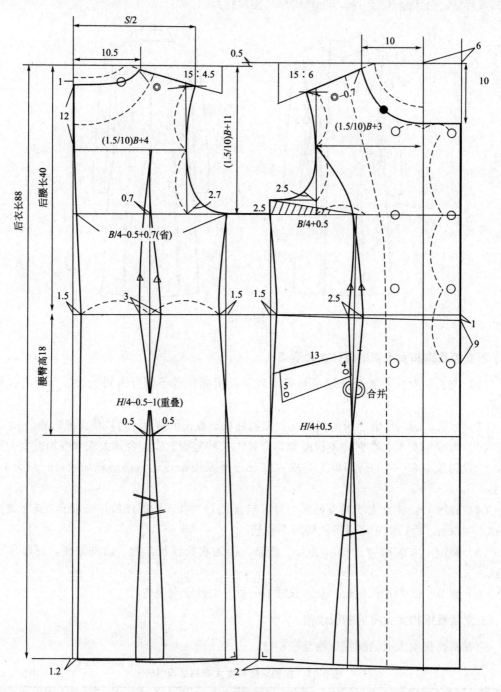

图8-36

（2）立领双排扣女大衣的衣身结构分解图如图8-38所示。

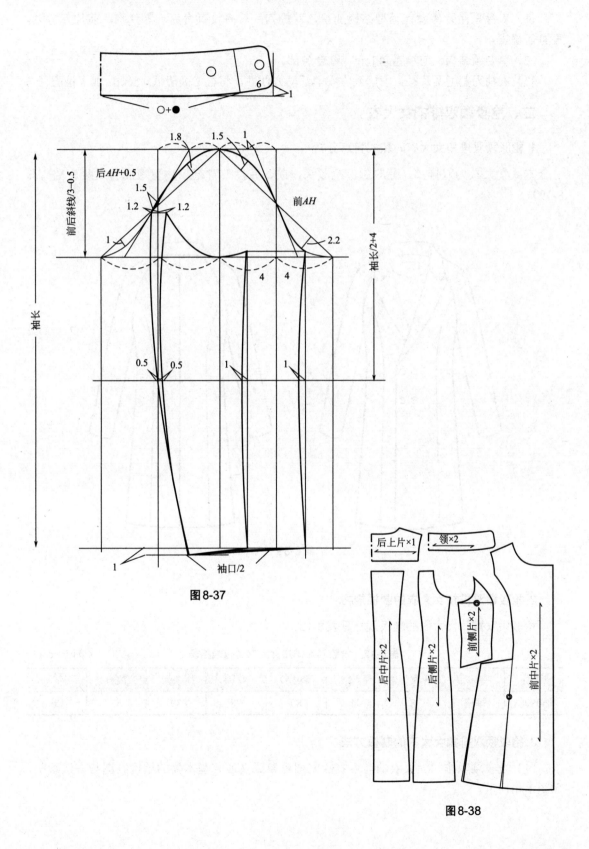

图 8-37

图 8-38

5.立领双排扣女大衣的结构要点与分析

（1）衣身采用合体女装基型结构加长，双排扣，后肩设有育克，竖分割，前片刀背缝，设有借缝袋。

（2）单立领结构，前端翘起1cm，贴合颈部。

（3）衣袖为基型两片袖，考虑到大衣的活动方便性，将袖山高降低0.5cm，加大袖肥。

二、枪驳领双排扣女大衣

1.枪驳领双排扣女大衣的款式特点分析

本款女大衣为双排扣，翻驳领，枪驳头，前、后片刀背缝，袖型为插肩式两片袖（图8-39）。

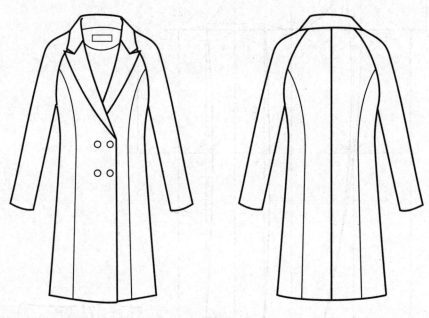

图8-39

2.枪驳领双排扣女大衣的制板规格

枪驳领双排扣女大衣的制板规格见表8-12。

表8-12　枪驳领双排扣女大衣制板规格表　　　　　　　单位：cm

号型	部位	后衣长	胸围	腰围	臀围	肩宽	袖长	袖口
160/84A	规格	88	94	80	98	39	57	26

3.枪驳领双排扣女大衣的制板方法

（1）枪驳领双排扣女大衣的前后衣片制图可参照女西装基本款的结构制图与方法绘制，如图8-40所示。

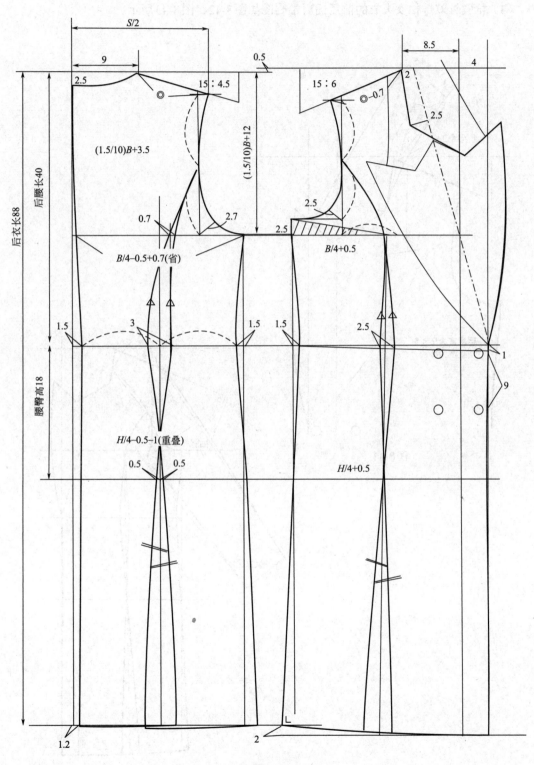

图8-40

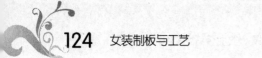

（2）枪驳领双排扣女大衣的衣领制图如图8-41所示。

（3）枪驳领双排扣女大衣的前后插肩袖制图如图8-42、图8-43所示。

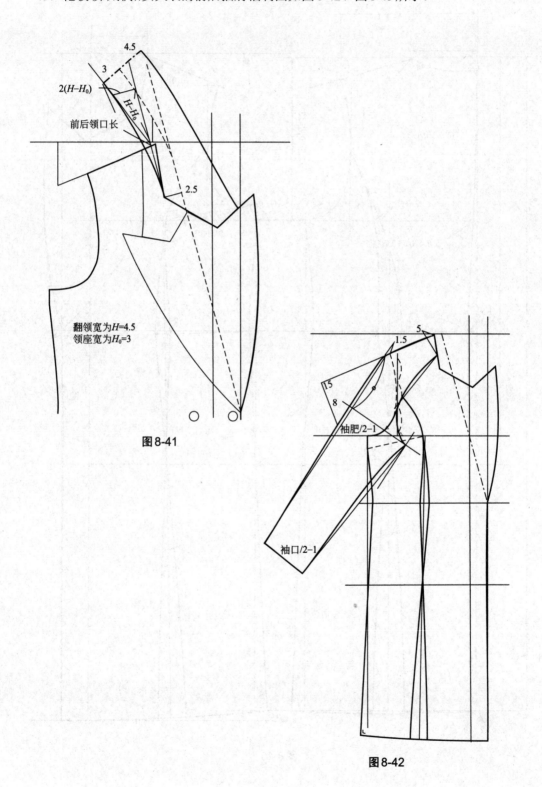

翻领宽为H=4.5
领座宽为H_0=3

图 8-41

图 8-42

（4）枪驳领双排扣女大衣的结构样板如图8-44所示。

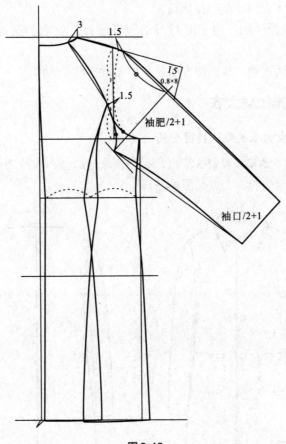

图8-43

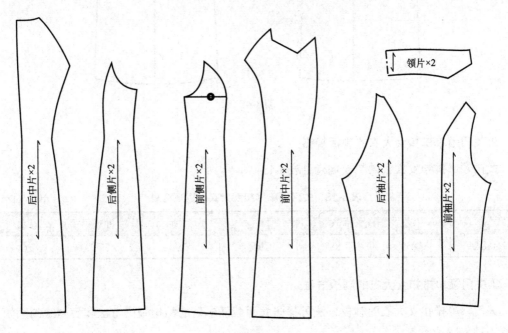

图8-44

4.枪驳领双排扣女大衣的结构要点与分析

（1）衣身采用合体女装基型结构加长。

（2）双排扣枪驳领结构，由于驳口线的位置较高，大衣的面料较厚，翻领松量定为 $(H+H_0)/2$（$H–H_0$）。

（3）衣袖为插肩两片袖，其制图方法参见第七章插肩袖结构。

三、关门领单排扣女大衣

1.关门领单排扣女大衣的款式特征分析

本款大衣为宽松型结构，单排5粒扣，关门领，落肩袖，前片两个圆贴袋，前后片不收省，侧缝不收腰，廓型简约、大方（图8-45）。

图8-45

2.关门领单排扣女大衣的制板规格

关门领单排扣女大衣的制板规格见表8-13。

表8-13　关门领单排扣女大衣制板规格表　　　　单位：cm

号型	部位	后衣长	胸围	肩宽	袖长	袖口
160/84A	规格	88	94	39	57	26

3.关门领单排扣女大衣的制板方法

关门领单排扣女大衣的制板方法可参照女西装基本款的结构制图方法和步骤绘制，如图8-46～图8-48所示。

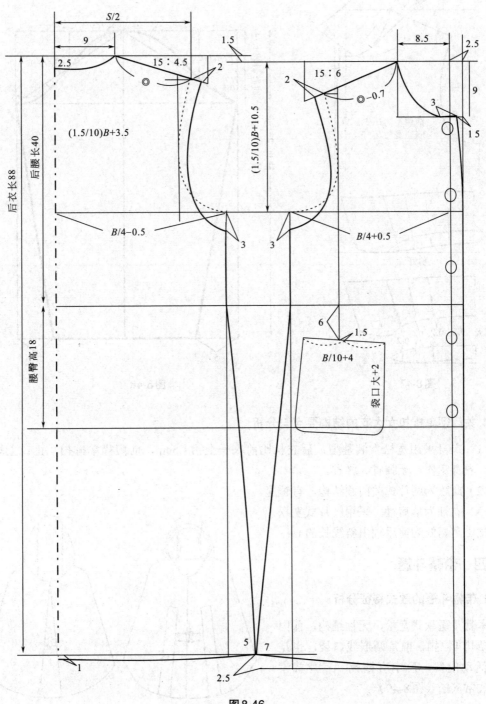

图8-46

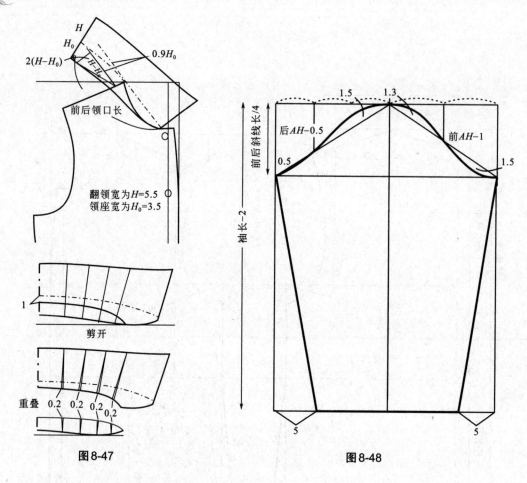

图 8-47

图 8-48

4.关门领单排扣女大衣的结构要点与分析

（1）衣身采用宽松女装基型，后衣长比前衣长上抬1.5cm，前门襟单排扣，止口上端有撤胸，衣身宽松，无胸省、腰省。

（2）此款为两片式关门领结构，有领座。

（3）衣袖为落肩袖，采用一片式宽松袖，袖山高调低为前后袖山斜线长的1/4。

四、带帽斗篷

1.带帽斗篷的款式特征分析

本款斗篷款式宽松，无袖结构，前门开襟单排4粒扣，前片两嵌线口袋，也是手臂活动出口，后中有褶裥。三片式帽领，非常宽松（图8-49）。

2.带帽斗篷的制板规格

带帽斗篷的制板规格见表8-14。

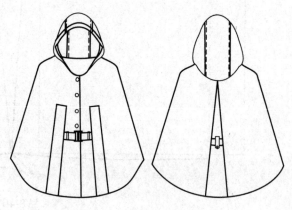

图 8-49

表8-14　带帽斗篷制板规格表　　　　　　　　单位：cm

号型	部位	后衣长	肩宽	通袖长
160/84A	规格	60	39	50

3.带帽斗篷的制板方法

带帽斗篷的制板方法可参照女西装基本款的结构制图方法与步骤绘制，如图8-50、图8-51所示。

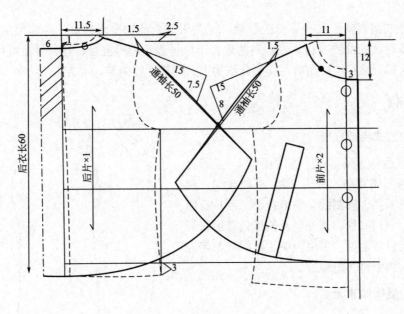

图8-50

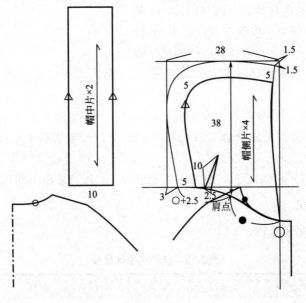

图8-51

4. 带帽斗篷的结构要点与分析

（1）衣身在宽松女装基型基础上，画出无袖的斗篷结构，后衣长上抬2.5cm，前门襟单排扣，前片下方设一嵌线口袋，是手臂的活动出口。

（2）帽领结构，帽子加长加宽，外形非常宽松。

第四节　旗袍、连衣裙结构设计

旗袍、连衣裙都属于贴身穿着的服装，这类服装合体性要求较高，各部位加放量较小，能够展现女体玲珑的曲线身材。在面料的选择上，一般选用吸湿性、透气性良好的柔软、纤薄的真丝、棉等天然纤维等面料。在服装结构上，一般比较简洁、大方。

一、旗袍

1. 旗袍的款式特征分析

本款是旗袍的基本款式，结构简单，穿着合体。前衣身为偏襟结构，右边开襟，3粒盘扣，两侧高开衩，圆下摆，右侧缝装隐形拉链。后片有腰省及后中缝。中式立领，领外口及偏襟处滚边镶嵌装饰。一片式合身短袖。多用丝绸、色织棉布等轻薄、柔软的织物面料（图8-52）。

图8-52

2. 旗袍的量体加放要点

（1）后衣长：旗袍后衣长一般在膝围以下，小腿中部。

（2）腰节位：旗袍收腰明显，胸腰贴体，一般需要测量前腰位和后腰位，以保证制板的准确性，为了体现女性苗条的身材，一般将腰节位调高一些。

（3）胸高位：旗袍胸部比较贴体，胸凸明显，因此，需要测量胸高位来确定胸省的位置。

（4）胸围：旗袍胸围要求合体，放松量不宜过大，一般加放为3～4cm。

（5）腰围：旗袍腰围要求合体，放松量不宜过大，一般加放4～6cm，或用胸围减去14～16cm。

（6）臀围：旗袍臀围要求合体，放松量不宜过大，一般加放3cm即可。

3. 旗袍的制板规格

旗袍的制板规格见表8-15。

表8-15　旗袍制板规格表　　　　　　　　　　　　　　　　　单位：cm

号型	部位	后衣长	胸围	腰围	臀围	肩宽	袖长	领围
160/84A	规格	118	88	74	90	37.5	14	38

4.旗袍的制板方法

旗袍的制板方法可参照女西装基本款的结构制图方法与步骤绘制如图8-53、图8-54所示。

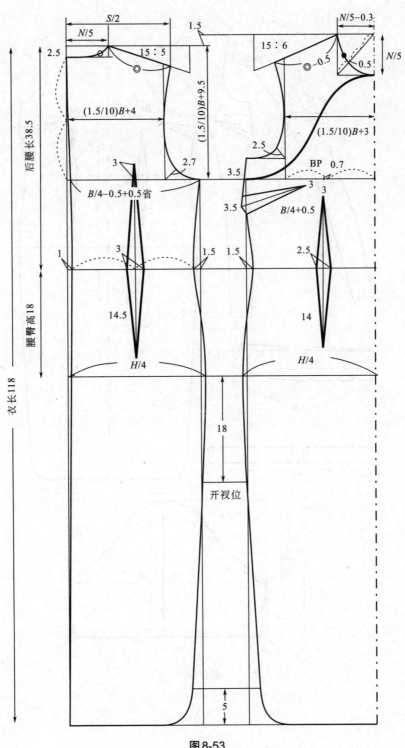

图 8-53

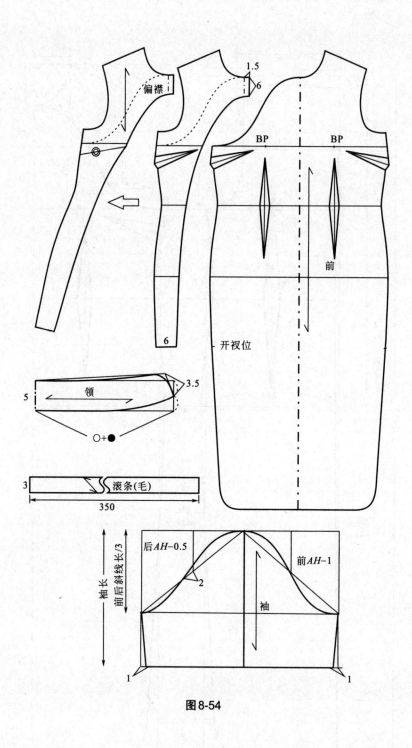

图 8-54

5.旗袍的结构要点与分析

（1）旗袍衣身采用贴体女装基型，收全胸省为3.5cm，后衣长线比前衣长线下落1.5cm，胸腰部非常贴体。

（2）胸点、腰位需要测量，以保证结构的贴体性。

（3）偏襟、领上口、下摆处采用的滚边为45°斜纱，否则容易出涟形。

二、连衣裙

1.连衣裙的款式特征分析

本款连衣裙无领、无袖，外观呈X型，腰部收紧，下摆展开。前、后片衣身有弧形刀背缝，后背有中缝，右侧缝装拉链，领口、袖口缉明线，结构简单，是连衣裙的基本款式（图8-55）。

图8-55

2.连衣裙的制板规格

连衣裙的制板规格见表8-16。

表8-16　连衣裙制板规格表　　　　　　单位：cm

号型	部位	后衣长	胸围	腰围	臀围	肩宽	领围
160/84A	规格	100	88	74	90	37.5	38

3.连衣裙的制板方法

连衣裙的制板方法可参照女西装基本款式的结构制图方法与步骤绘制，如图8-56所示。

4.连衣裙的结构要点与分析

（1）本款连衣裙衣身采用贴体女装基型，收全胸省为3.5cm，后衣长下落1.5cm，胸腰部非常贴体。

（2）无袖款式，袖窿深要上抬一些，袖窿尺寸为臂根净尺寸加2～3cm松量即可。

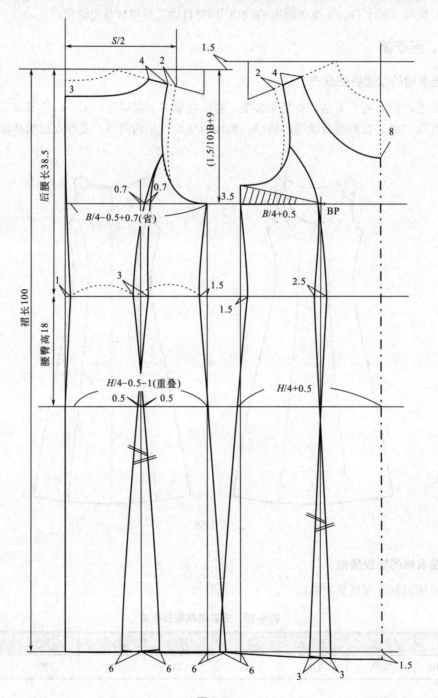

图8-56

第九章
女装缝制工艺

  本章知识点

- 女装生产工艺单的编写。
- 女装工艺流程编排。
- 女装排料。
- 女装的缝制工艺。

本章应知应会

- 了解女装生产工艺单的编写方法。
- 熟悉女装工艺流程编排方法。
- 掌握女装排料方法。
- 掌握女装的缝制工艺方法与技巧。

第一节　女裙缝制工艺

一、外形概述

本款女裙为装腰式直筒裙，较贴体，前后片各设省道4个，后中线上端绱隐形拉链，下端开衩，后腰头钉1粒纽扣（图9-1）。

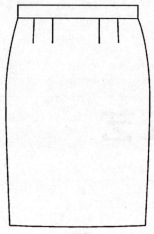

正面

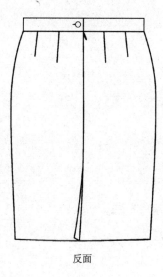

反面

图9-1

二、材料准备

面料：门幅144cm，用料为裙长×1+5cm。

辅料：无纺衬20cm，涤纶线1轴，隐形拉链1根，纽扣1粒。

三、女裙生产工艺单

1.女裙工艺单

女裙工艺单见表9-1。

表9-1　女裙工艺单

×××服饰工艺单

款号：×××××××

款式说明： 　　装腰式直筒裙，较贴体，前后片各设省道4个，后中线上端绱隐形拉链，下端开衩，后腰头钉1粒纽扣	款式图： 	产品执行标准：
		下装
		FZ/T81004-2003
		GB18401-2003　C类
		甲醛含量：
		＜300
		🚫 不可氯漂
		30℃ 30℃水温可手洗
面料： 驼色涤棉		不可拧扭或脱水
成分：60%棉 40%涤纶		
里料成分：		中温熨烫

部位　　　型号	160/66A	160/70A	165/74A	165/78A	170/82A	170/86A	公差
裙长							±0
裙腰围							±0
裙臀围							±1

1.使用14#机针，针距：明线3.5针/cm，暗线4.5针/cm
2.纽扣2粒（腰头1粒，备扣1粒），直径15mm
3.全身用本色缝纫线，各缝均为锁边

2. 女裙裁剪分解图

女裙裁剪分解图见表9-2。

面布裁片：

编号	部件	数量
1	前裙片	1
2	后裙片	2
3	裙腰	1

1. 粘胶部件过黏合机，130°，2.5mpa，70～80
2. 裁剪前注意面料松料和醒料
3. 注意面料的正反面，缩水率，纱向
4. 面料的缩水率为经1%，纬0

- 不可氯漂
- 中温熨烫
- 不可拧扭或脱水
- 30℃水温可手洗

表9-2 女裙裁剪分解图

裁剪分解图

款号：××××××××××

衬布裁片：

编号	部件	数量	使用部位
1	裙腰	1	
2	嵌条	2	

编号	品名	品号	颜色	色号	规格	单耗	单位	使用部位
1	面料	238212	驼色	6#	145cm	0.65	m	前裙片、后裙片、腰
	有纺衬		白色		120cm	0.1	m	腰、绸隐形拉链处
	商标		白色		5.5cm×1.5cm	1	个	裙前腰贴居中
	码标		白色			1	个	商标左侧（正常穿着时）
	洗标	三力	白色			1	个	成分：60%棉、40%涤纶
2	隐形拉链		驼色	287	25cm	1	个	后裙片
	纽扣		同面料		直径15mm	2	粒	腰、备用扣

3. 女裙案板分解图

女裙案板分解图见表9-3。

表9-3　女裙案板分解图

× × × **服饰工艺单**——案板分解图

款号：× × × × × × × × ×

表示剪口	表示有纺衬	表示纱织方向	表示线钉位
——	▨	→——	✕

具体要求

1. 注意面料的纱织方向
2. 保证线钉和剪口的位置准确
3. 注意净片样片左右对称

编号	净片部件	数量
1	前裙片	1
2	后裙片	2
3	腰	1

4.女裙面辅料单耗及样卡表

女裙面辅料单耗及样卡表见表9-4。

表9-4　女裙面辅料单耗及样卡表

×××服饰工艺单——面辅料单耗及样卡表

款号：××××××××	投产时间：	款式图	
面料A：涤棉	辅料B：有纺衬		

⊠ 不可氯漂	
⊡ 中温熨烫	
⊠ 不可拧扭或脱水	
30℃ 30℃水温可手洗	

品名	品号	颜色	色号	规格	单耗	单位	使用部位
面料	下装Q	238212	驼色	6#	148cm	0.65	m	前裙片、后裙片、腰
有纺衬	下装Q		白色		120cm	0.1	m	腰、绱隐形拉链处
纽扣	下装Q	北京鸿达	同面料	BW1033	Φ15	1+1	粒	后腰1粒，备扣1粒
商标	下装Q	白色商标	黑色		5.5×1.5	1	个	裙前腰贴居中
码标	下装Q		白色			1	个	商标左侧（正常穿着时）
洗标	下装Q		白色			1	个	成分：60%棉，40%涤纶
拉链	下装Q	三力	驼色	287	25cm	1	条	后裙片
裙夹	下装Q		白色			1	个	
吊牌	下装Q					1	个	
吊粒	下装Q					1	个	
吊兜	下装Q					1	个	
塑料袋	下装Q					1	个	
缝纫线	下装Q		同面料			120	m	锁边、缝纫
2股丝光线	下装Q		同面料			1	m	锁眼

5.女裙工艺剖析

女裙工艺剖析见表9-5。

表9-5　女裙工艺剖析

×××××服饰工艺单——工艺剖析

款号：××××××××

针距	使用14#机针，针距：明线3.5针/cm，暗线4.5针/cm
用线	暗线、锁边线使用本色缝纫线 锁眼线使用2股丝光线
做缝	裙摆折边3.5cm，后中缝1.5cm，其余均为1cm
净板	腰头
有纺衬部位	腰头、绱拉链处（宽1cm，长16cm）

各部位缝制细则

正面款式图		具体要求
	腰	绱腰采用镶面压里的方法，腰头宽3cm，沿腰口缉漏落缝
	前省	前省长均为9cm，倒向侧缝
	扣位	扣位位置按样板。左片腰头锁眼，右片钉扣
	锁眼	锁眼扣眼大1.5cm
	钉扣	牢固，双股线，每孔绕线4～5次
	标	商标：裙前腰贴居中
		码标：商标的左侧（正常穿着）
		洗标：左侧缝腰节下5cm，成分面向上
背面款式图		具体要求
	腰	与前腰做法相同，右片腰头探出3.5cm
	后省	后省长11cm、10cm，倒向侧缝
	侧缝	缝份1cm，分缝烫平
	隐形拉链	拉链净长18cm
	裙摆	底摆3.5cm折边，锁边，扦三角针
	裙衩	衩长18cm，左压右，裙衩贴边锁边，扦三角针

四、女裙排料图

女裙排料图如图9-2所示。

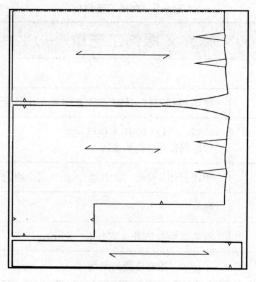

图9-2

五、女裙成品质量要求与评价标准

女裙的工艺重点是绱隐性拉链、做裙后衩、绱腰头。

1.质量要求

（1）裙腰宽窄一致，无涟形，腰口不松开。

表9-6　女裙成品质量要求与评价标准　　　　　　单位：cm

项目	分值	质量标准要求	轻缺陷	扣分	重缺陷	扣分	严重缺陷	扣分
尺寸规格15分	5	裙长规格正确，不超偏差±1	超50%内		超50%～100%内		超100%以上	
	5	裙腰围规格正确，不超偏差±1	超50%内		超50%～100%内		超100%以上	
	5	裙臀围规格正确，不超偏差±0.6	超50%内		超50%～100%内		超100%以上	
腰省5分	5	腰省左右对称，长短一致，倒向相同	左右不对称，互差0.1～0.2		左右不对称，互差0.2～0.3		左右不对，互差＞0.3以上	
拉链20分	5	拉链平服，长短一致	轻微扭曲、起皱		较重扭曲、起皱		严重扭曲、起皱	
	5	隐形拉链不外露	轻微反吐		较重反吐		严重反吐	

续表

项目	分值	质量标准要求	轻缺陷	扣分	重缺陷	扣分	严重缺陷	扣分
拉链 20分	5	缉线顺直，无断线	线迹轻微歪斜		线迹歪斜较重，有1处断线		线迹严重歪斜，有2处以上断线	
	5	腰口处拉链平齐	腰口门里襟不平齐，互差 0.1～0.2		腰口门里襟不平齐，互差0.2～0.5		腰口门里襟不平齐，互差＞0.5 以上	
腰头 32分	8	腰头顺直，方正	腰头轻微不方正		腰头较重不顺直、不方正		腰头严重不顺直、不方正	
	8	腰面、腰里平服，松紧适宜	腰面、腰里轻微扭曲不平服		腰面、腰里较重扭曲不平服		腰面、腰里严重扭曲不平服	
	8	腰头左右对称，宽窄一致	腰头左右不对称，互差 0.1～0.2		腰头左右不对称，互差0.2～0.3		腰头左右不对称，互差＞0.3 以上	
	8	腰面缉线顺直，无跳针断线	腰面缉线不顺直，互差 0.1～0.2		腰面缉线不顺直，互差0.2～0.4，有1处跳针断线		腰面缉线不顺直，互差＞0.4 以上，有2处以上跳针断线	
裙衩 6分	3	裙衩平服，长短一致	轻微起皱，长短不一致，互差 0.1～0.2		较重起皱，长短不一致，互差 0.2～0.5		严重起皱，长短不一致，互差＞0.5 以上	
	3	三角针线迹不外露	1处线迹外露		2处线迹外露		3处以上线迹外露	
裙摆 底边 6分	3	折边宽窄一致	折边宽窄互差 0.2～0.4		折边宽窄互差 0.4～0.6		折边宽窄互差＞0.6以上	
	3	三角针线迹不外露	1处线迹外露		2处线迹外露		3处以上线迹外露	
整洁 牢固 6分	2	整件产品无明暗线头	有		明有3根或暗有4根		很多	
	2	整件产品无跳针、浮线和粉印	有2处		有3处		有3处以上	
	2	明线3针/cm，暗线4.5针/cm			明线、暗线不符合规定			
锁眼 钉扣 4分	2	锁眼位准确且锁眼线迹整齐	锁眼线迹轻度不齐		锁眼位有较大长短不一致，锁眼线迹不齐		锁眼位置严重偏离，锁眼线脱落，扣眼豁开	
	2	钉扣位置准确，钉扣牢固	扣合后轻度不平		扣合后较不平		扣合后严重不平	
整烫 6分	6	各部位熨烫平服，无亮光和水印	有水印		有亮光、褶皱2处		有亮光、褶皱3处以上	

（2）拉链左右长短一致，拉链不外露。

（3）开衩平服，不能豁开或搅拢。

（4）整烫平整、不可烫黄、烫焦。

2.女裙成品质量要求与评价标准

女裙成品质量要求与评价标准见表9-6。

六、女裙制作工艺流程

女裙制作工艺流程如图9-3所示。

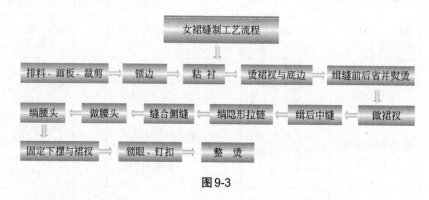

图9-3

七、女裙缝制工艺图解

1.排料、画板、裁剪

（1）排料：纱向顺直，不要倾斜；面料有方向（如毛向、阴阳格等），一件服装的所有衣片要方向一致；如果是条格面料，要保证左右片对称，前后片在侧缝处对格（图9-4）。

（2）画板：在拉链、前后片省道、底摆折边、开衩位置以及腰面对位点等标记眼刀。后开衩：左后片开衩的宽度比右后片宽5cm（图9-5）。

图9-4　　　　　　　　　　　　　　　图9-5

（3）裁剪

① 裁剪面料。裁剪时要将标记点剪眼刀口（图9-6）。

② 裁衬。如图9-7所示；需要粘衬的部位有腰面（1片）、绱拉链的部位（1.5cm宽、18cm长，共2片）。

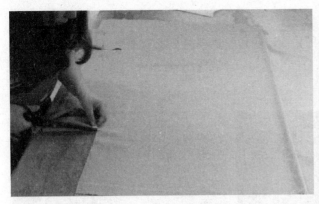

图9-6

图9-7

2.锁边

（1）需要锁边的部位是前后裙片侧缝、底边折边、后片中缝与开衩部位（图9-8）。

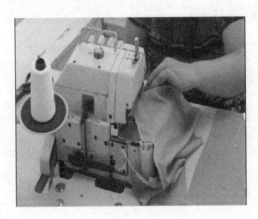

图9-8

（2）锁边时要将裙片的正面向上。

（3）锁边之后将锁边起皱的部位用熨斗烫平。

3.粘衬

在后片中缝绱拉链的缝份处、腰头的反面粘衬（图9-9、图9-10）。

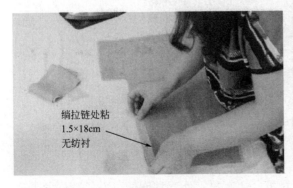

绱拉链处粘
1.5×18cm
无纺衬

图9-9

图9-10

4.烫裙衩与底边

（1）烫裙衩时按照净样线向反面双折扣净，底边与裙衩的交点处按照45°角对角线的方式扣烫，扣烫完成后后中缝与底边成直角的形状，左右片后中缝扣烫之后长度要相等（图9-11～图9-14）

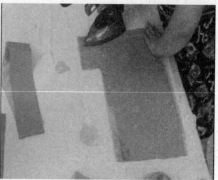

图9-11　　　　　　　　　　　　　　　　图9-12

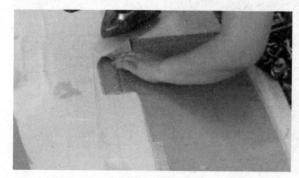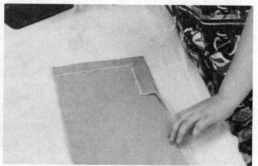

图9-13　　　　　　　　　　　　　　　　图9-14

（2）熨烫前片底摆折边要按照净样线向反面扣烫、烫平，折边宽窄一致（图9-15）。

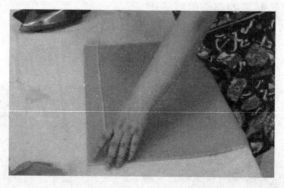

图9-15

5.缉缝前后省并熨烫

（1）缉缝省道时按照眼刀口位置将省道对折，注意起止处要打倒针。为了避免省尖处

出现起窝的现象，通常在省尖的位置保持0.5cm的过渡距离，让省尖圆顺、自然的消失（图9-16）。

（2）将省道向侧缝方向烫倒、烫平（图9-17）。

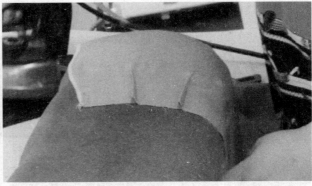

<table>
<tr><td>图9-16</td><td>图9-17</td></tr>
</table>

6.做裙衩

按照裙衩扣烫的对角线正面相对缉缝，修剪缝份0.5cm，尖角处缝份修剪为斜边并翻转（图9-18～图9-20）。

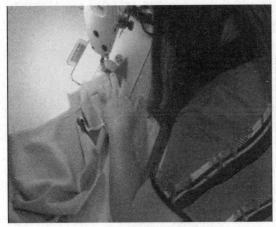
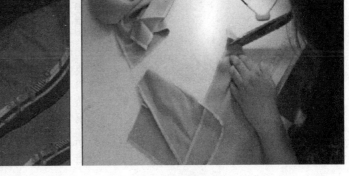

<table>
<tr><td>图9-18</td><td>图9-19</td></tr>
</table>

图9-20

7.缉后中缝

将左右后裙片正面相对缉缝，装拉链的地方不缝合或长针距假缝，在拉链底部打倒针（图9-21）。

8.绱隐形拉链

（1）将拉链中线与后中线重叠对应后，缉缝0.5cm的固定线（图9-22）。

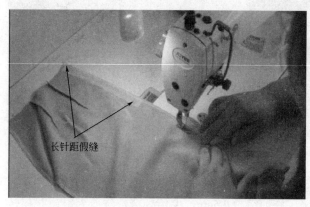

图9-21 图9-22

（2）拆掉长针距假缝线，将拉链拉至最底部，用单边压脚在靠近拉链齿0.1cm处将拉链和后中心缝份缝合在一起，缝合线迹必须完全与净样线重叠（图9-23～图9-26）。

图9-23 图9-24

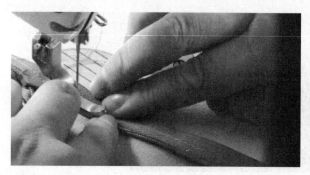

图9-25 图9-26

9.缝合侧缝

（1）将前后片正面相对、上下对齐，缉缝1cm缝份，起止处打倒针（图9-27）。

（2）将侧缝、后中缝分缝烫平（图9-28）。

图9-27	图9-28

10.做腰头

（1）将腰头反面相对，扣烫平整（图9-29）。

（2）用腰头工艺样板将腰面缝份扣净，熨烫平整（图9-30）。

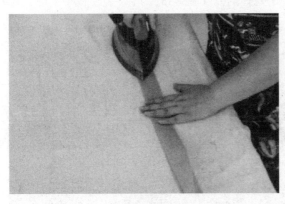 

用工艺样板扣烫腰面

图9-29	图9-30

（3）腰里的缝份包住腰面扣净，使腰里比腰面略宽0.2cm，熨烫平整（图9-31）。

图9-31

11. 绱腰头

（1）在后片拉链绱腰处做标记（图9-32）。

（2）将腰面与裙片正面相对按1cm缝份绱缝腰口一周，车缝要平服、顺直。右侧腰面按照对位剪口与裙片绱缝，左右侧腰头要对齐（图9-33）。

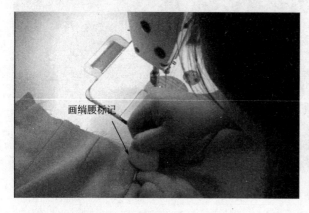

画绱腰标记

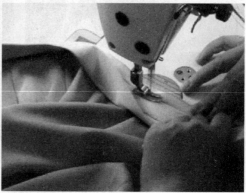

图9-32   图9-33

（3）绱缝腰头两端，按照腰头形状绱缝，修剪缝份0.5cm并向外翻出（图9-34）。

（4）翻转腰头在正面沿腰口绱沿边缝，起止处打倒针（图9-35）。

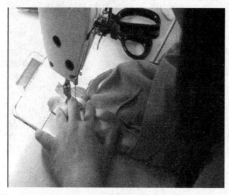

图9-34   图9-35

12. 固定下摆与裙衩

先将裙衩临时固定，将扣烫好的下摆与裙衩用三角针固定，线迹不要外露（图9-36）。

13. 锁眼、钉扣

（1）扣眼在裙子左侧，锁眼时要将裙子的反面放在上边（图9-37）。

（2）钉扣时线结要藏在纽扣与腰头的中间（图9-38）。

14. 整烫

（1）将内外的缝份线头清剪干净，清理污渍（图9-39）。

（2）将侧缝、后中缝、腰头、底边按顺序整烫，熨烫正面时要盖上烫布。

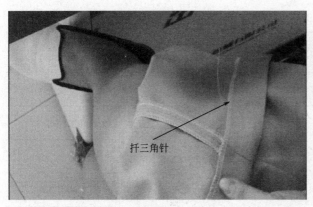

扝三角针

图 9-36

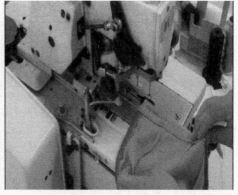

图 9-37

图 9-38

图 9-39

第二节　女裤缝制工艺

一、外形概述

本款为女裤的基本款，前后裤片各收1个省，装直腰头，裤襻5个，平脚口、无明线，前门襟装拉链，前腰口中间钉1粒纽扣（图9-40）。

二、材料准备

面料：门幅144cm，用料为裤长×1+5cm。

辅料：无纺衬20cm，纶线1轴，拉链1根，纽扣1粒。

三、女裤生产工艺单

1.女裤工艺单

女裤工艺单见表9-7。

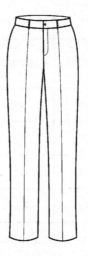
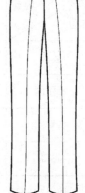

正面　　　　　　背面

图 9-40

表9-7　女裤工艺单

×××服饰工艺单

款号：×××××××

款式说明：	款式图：	产品执行标准：

款式说明：
　　本款为女裤的基本款，前后裤片各收一个省，装直腰头，裤襻5个，平脚口、无明线，前门襟装拉链，前腰口中间钉1粒纽扣

款式图：

面料：
褐色

成分：94%涤纶，6%氨纶

里料成分：

产品执行标准：

下装

GB/T2666-2001

GB18401-2003B类

甲醛含量：

<75

不可氯漂

30℃水温
可手洗

不可拧扭
或脱水

中温熨烫

部位 ＼ 型号	160/66A	160/70A	165/74A	165/78A	170/82A	170/86A	公差
裤长	100	100	103	103	106	106	±0
裤腰围	70	73	76	79	82	85	±0
裤臀围	92	95	98	102	105	108	±1
脚口	42	42.3	42.6	42.9	43.2	43.5	±0

1. 使用14#机针，针距：明线3.5针/cm，暗线4.5针/cm
2. 纽扣2粒（腰头1粒，备扣1粒），直径15mm
3. 全身用本色缝纫线，各缝均为锁边
4. 门襟明线宽3.5cm，门襟明线用褐色丝光线

2. 女裤裁剪分解图

女裤裁剪分解图见表9-8。

表9-8 女裤裁剪分解图

裁剪分解图

面布裁片：

编号	部件	数量
1	前裤片	2
2	后裤片	2
3	腰	1
4	门襟	1
5	里襟	1
6	裤襻	5

1. 粘合机，130°，2.5mpa，70～80
2. 裁剪前注意面料松料和醒料
3. 注意面料的正反面、缩水率、纱向
4. 面料的缩水率为经1%，纬0

衬布裁片：

款号：××××××××××

编号	部件	数量	使用部位
1	腰	1	
2	门襟	1	

品名	品号	颜色	色号	规格	单耗	单位	数量	使用部位
面料	HDY074818C/1	粉色	1#	145cm	1.3	m		前裤片、后裤片、腰、门襟、里襟、裤襻
有纺衬		白色		120cm	0.2	m		腰、门襟
商标	三力	白色		5.5×1.5	1	个		裤后腰贴居中
码标		白色			1	个		商标左侧（正常穿着时）
洗标		白色			1	个		成分：94%涤纶，6%氨纶
拉链	三力	褐色	Y076	20cm	1	个		前门襟
纽扣		褐色		Φ15	2	粒		腰、备用扣

- 不可氯漂
- 中温熨烫
- 不可拧扭或脱水可手洗
- 30℃水温可手洗

3. 女裤案板分解图

女裤案板分解图见表9-9。

表9-9 女裤案板分解图

×××服饰工艺单——案板分解图

款号: ×××××××××

表示剪口	表示有纺衬	表示纱织方向	表示线钉位
——		↙	✕

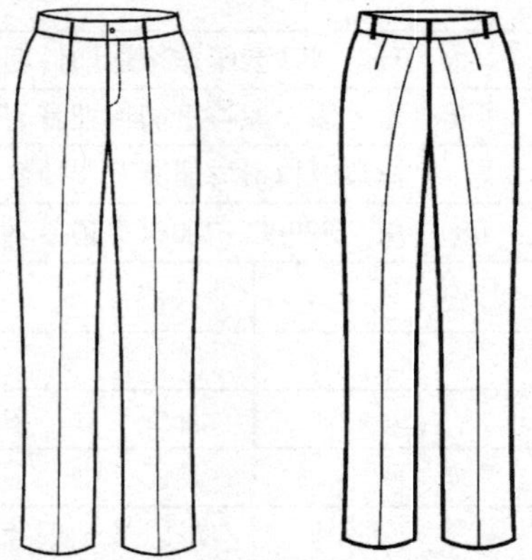

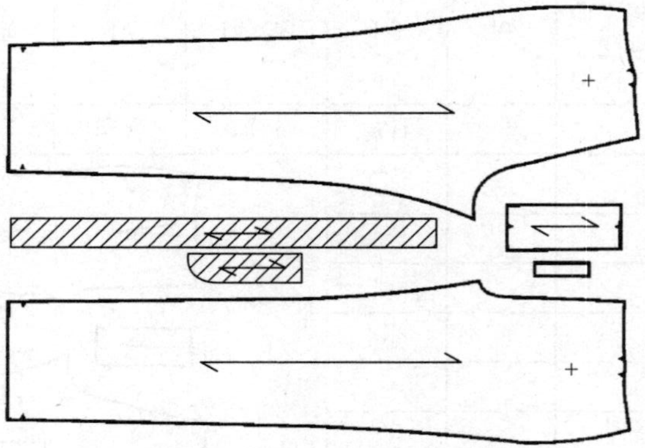

具体要求

1. 注意面料的纱织方向
2. 保证线钉和剪口的位置准确
3. 注意净片时左右对称

编号	净片部件	数量
1	前裤片	2
2	后裤片	2
3	门襟	1
4	里襟	1
5	腰	1
6	裤襻	5

4.女裤面辅料单耗及样卡表

女裤面辅料单耗及样卡表见表9-10。

表9-10 女裤面辅料单耗及样卡表

×××服饰工艺单——面辅料单耗及样卡表

款号：×××××××	投产时间：	款式图
面料A：94%聚酯纤维，6%氨纶	辅料B：无纺衬	

	不可氯漂	
	中温熨烫	
	不可拧扭或脱水	
30℃	30℃水温可手洗	

品名	品号	颜色	色号	规格	单耗	单位	使用部位
面料	下装K	HDY074 818C/1	粉色	1#	148cm	1.05	m	前裤片 后裤片 腰头 门襟 里襟 裤襻
无纺衬	下装K		白色		120cm	0.2	m	腰头 门襟
纽扣	下装K	北京鸿达	同面料	84	直径 15mm	1+1	粒	前腰1粒，备扣1粒
商标	下装K	白色商标	黑色		5.5×1.5	1	个	钉在后领中间
码标	下装K		白色			1	个	商标左侧（正常穿着时）
洗标	下装K		白色			1	个	
拉链	下装K	三力	褐色	Y076	20cm	1	条	前门襟
裤夹	下装K		白色			1	个	
吊牌	下装K					1	个	
吊粒	下装K					1	个	
吊兜	下装K					1	个	
塑料袋	下装K					1	个	
缝纫线	下装K		同面料			200	m	锁边 缝纫
2股丝光线	下装K		同面料			1	m	锁眼
3股丝光线	下装K		同面料			5	m	门襟 裤襻

5. 女裤工艺剖析

女裤工艺剖析见表9-11。

表9-11　女裤工艺剖析

×××××× 服饰工艺单
——工艺剖析

款号：×××××××××

针距	使用14#机针，针距：明线3.5针/cm，暗线4.5针/cm
用线	暗线、锁边线使用本色缝纫线 明线使用3股丝光线 锁眼线使用2股丝光线
做缝	脚口折边3.5cm，其余均为1cm
明线	前门襟明线宽3.5cm，裤襻双明线0.1cm
净板	腰头、门襟明线
有纺衬部位	门襟、腰头

各部位缝制细则

正面款式图		具体要求
	腰	绱腰采用镶面压里的方法，腰头宽3.5cm，沿腰口缉漏落缝
	前省	省长11cm，倒向裆弯
	扣位	扣位位置按样板，左片腰头锁眼，右片钉扣。
	锁眼	扣眼大1.5cm
	钉扣	牢固，双股线，每孔绕线4～5次
	裤襻	裤襻宽1cm，两边缉0.1双明线，前腰裤襻位置对准前省位，裤襻下端固定0.8cm，上端距离腰口0.3cm封结

背面款式图		具体要求
	腰	与前腰做法相同
	后省	腰省省长10cm，倒向后裆弯。
	标	商标：裤后腰贴居中
		码标：商标的左侧（正常穿着）
		洗标：左侧缝腰节下5cm，成分面向上
	侧缝	缝份1cm，分缝烫平
	下裆缝	缝份1cm，分缝烫平，十字裆缝对齐
	脚口	底摆4cm折边，锁边，扦三角针
	裤襻	与后裆缝对齐1个，另外2个的位置是前裤片襻带与后裤片襻带中间的位置，做法同前裤襻

四、女裤排料图

女裤排料图如图9-41所示。

五、女裤成品质量要求与评价标准

女裤工艺的重点难点是绱前门襟拉链和绱腰头。

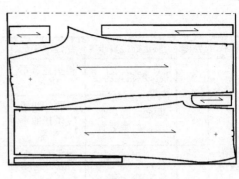

图9-41

1.质量要求

（1）符合成品规格，外形美观。

（2）装腰平服、松紧适宜，线迹顺直。

（3）门里襟长短一致、门襟明线圆顺，拉链安装平服。

（4）前后裆缝对齐、无错位，裆弯处缉缝圆顺。

（5）襻带长短、宽窄一致，位置准确对称，缝合牢固。

（6）裤脚口大小一致，缝线不外露且平服。

（7）各部位整烫平整、不可烫黄、烫焦，无水花、污渍。裤线顺直、臀部圆顺。

2.女裤成品质量要求与评价标准

女裤成品质量要求与评价标准见表9-12。

表9-12　女裤成品质量要求与评价标准

项目	分值	质量标准要求	轻缺陷	扣分	重缺陷	扣分	严重缺陷	扣分
尺寸规格 12分	3	裤长规格正确，不超偏差±1	超50%内		超50%～100%内		超100%以上	
	3	腰围规格正确，不超偏差±1	超50%内		超50%～100%内		超100%以上	
	3	臀围规格正确，不超偏差±0.6	超50%内		超50%～100%内		超100%以上	
	3	脚口规格正确，不超偏差±0.5	超50%内		超50%～100%内		超100%以上	
腰省 5分	5	腰省左右对称，长短一致，倒向相同	左右不对称，互差0.1～0.2		左右不对称，互差0.2～0.3		左右不对称，互差>0.3以上	
门里襟 24分	4	门里襟平服	轻微扭曲、起皱		较重扭曲、起皱		严重扭曲、起皱	
	4	门襟止口不反吐	轻微反吐		较重反吐		严重反吐	
	7	门里襟拉链平服，拉链不外露	拉链轻微扭曲		拉链较重扭曲、轻微外露		拉链严重扭曲、外露	
	5	门襟明线圆顺，无断线	线迹轻微歪斜		线迹歪斜较重，有1处断线		线迹严重歪斜，有2处以上断线	
	4	腰口处门里襟平齐	腰口门里襟不平齐，互差0.1～0.2		腰口门里襟不平齐，互差0.2～0.5		腰口门里襟不平齐，互差>0.5以上	

项目	分值	质量标准要求	轻缺陷	扣分	重缺陷	扣分	严重缺陷	扣分
腰头 32分	8	腰头顺直，方正	腰头轻微不方正		腰头较重不顺直、不方正		腰头严重不顺直、不方正	
	8	腰面、腰里平服，松紧适宜	腰面、腰里轻微扭曲不平服		腰面、腰里较重扭曲不平服		腰面、腰里严重扭曲不平服	
	8	腰头左右对称，宽窄一致	腰头左右不对称，互差0.1～0.2		腰头左右不对称，互差0.2～0.3		腰头左右不对称，互差>0.3以上	
	8	腰面缉线顺直，无跳针断线	腰面缉线不顺直，互差0.1～0.2		腰面缉线不顺直，互差0.2～0.4，有1处跳针断线		腰面缉线不顺直，互差>0.4以上，有2处以上跳针断线	
裤襻 6分	2	裤襻长短、宽窄一致	长短、宽窄不一致，互差0.1～0.2		长短、宽窄不一致，互差0.2～0.3		长短、宽窄不一致，互差>0.3以上	
	2	裤襻封结牢固	1处封结不牢固		2处封结不牢固		3处以上封结不牢固	
	2	裤襻位置准确，左右对称	1处位置不准确或不对称		2处位置不准确或不对称		3处以上位置不准确或不对称	
脚口 6分	3	左右脚口大小一致	大小不一致，互差0.2～0.4		大小不一致，互差0.4～0.6		大小不一致，互差>0.6以上	
	3	三角针线迹不外露	1处线迹外露		2处线迹外露		3处以上线迹外露	
整洁牢固 5分	2	整件产品无明暗线头	有1～2根		明有3根或暗有4根		很多	
	2	整件产品无跳针、浮线和粉印	有2处		有3处		有3处以上	
	1	明线3针/cm，暗线4.5针/cm			明线、暗线不符合规定			
锁眼钉扣 4分	2	锁眼位准确且锁眼线迹整齐	锁眼线迹轻度不齐		锁眼位有较大程度的长短不一致，锁眼线迹不齐		锁眼位置严重偏离，锁眼线脱落，扣眼豁开	
	2	钉扣位置准确，钉扣牢固	扣合后轻度不平		扣合后较不平		扣合后严重不平	
整烫 6分	3	各部位熨烫平服，无亮光和水印	有水印		有亮光、褶皱2处		有亮光、褶皱3处以上	
	3	烫迹线熨烫顺直、笔挺、不歪斜	烫迹线熨烫轻微歪斜		烫迹线熨烫歪斜较重		烫迹线熨烫歪斜严重	

六、女裤制作工艺流程

女裤制作工艺流程如图9-42所示。

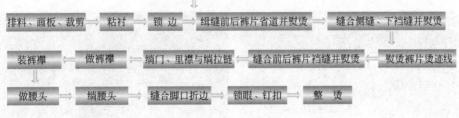

图9-42

七、女裤缝制工艺图解

1.排料、画板、裁剪

（1）排料注意事项：纱向顺直，不要倾斜；面料有方向（如毛向、阴阳格等），一件服装的所有衣片要方向一致；如果是条格面料，要保证左右对称，前后片在侧缝处对格（图9-43）。

（2）画板：在前后片省道、底摆折边、拉链、襻带对位点等标记眼刀（图9-44）。

图9-43　　　　　　　　　　　　　图9-44

（3）裁剪

① 裁剪面料。裁剪时要将标记点剪眼刀口（图9-45）。

② 裁衬。如图9-46所示，需要粘衬的部位有腰面（1片）、门襟（1片）。

图9-45　　　　　　　　　　　　　图9-46

2.粘衬

在腰头、门襟的反面粘衬（图9-47、图9-48）。

图9-47

图9-48

3.锁边

（1）需要锁边的部位是前后裤片（裤片的腰口部位不锁边）、门襟外侧、里襟对折锁边、裤襻带锁一侧（图9-49）。

（2）锁边时要将裤片的正面向上（图9-50）。

图9-49

图9-50

（3）锁边之后将锁边起皱的部位用熨斗烫平（图9-51、图9-52）。

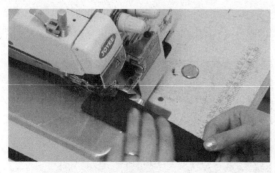

图9-51

图9-52

4.缉缝前、后裤片省道并熨烫

（1）缉缝省道时按照眼刀口位置将省道对折，注意起止处要打倒针。为了避免省尖出处出现起窝的现象，通常在省尖的位置保持0.5cm的过渡距离，让省尖圆顺、自然的消失（图9-53）。

（2）将省道向裆弯方向烫倒、烫平（图9-54）。

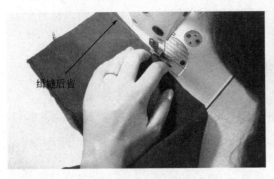

图9-53　　　　　　　　　图9-54

5.缝合侧缝、下裆缝并熨烫

（1）将前后裤片侧缝正面相对、上下对齐，缉缝1cm缝份，缝合时前、后片横丝归正，松紧一致，缉线顺直，起止处打倒针（图9-55）。

（2）将前后裤片下裆缝正面相对，缉缝1cm缝份，后片横裆下10cm处要有适当的吃势，起止处打倒针。

（3）将侧缝、下裆缝分缝烫平，注意横裆下10cm略为归拢，中裆部位略为拔伸（图9-56）。

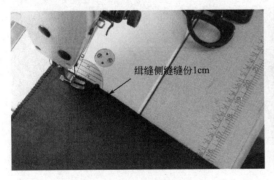
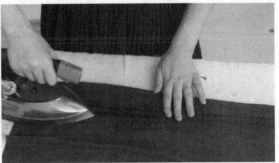

图9-55　　　　　　　　　图9-56

6.熨烫裤片烫迹线

把裤子翻至正面，摆正裤子将下裆缝和侧缝对齐，熨烫前后裤片烫迹线，前裤片烫迹线上接前裤片省道下至脚口；后裤片熨烫时要按照原有烫迹线熨烫，横裆处略为拔伸（图9-57）。

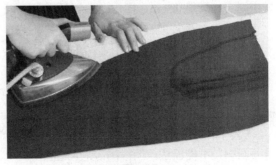

图9-57

7.缝合前后裤片裆缝并熨烫

将左右前裤片正面相对，从小裆弯绱拉链标记部位起针，一直缉缝至后裤片腰口处止。缉缝的要求是起止处打倒针，小裆弯处拉直缉，裆弯十字缝对齐，缝份1cm，将缉缝好的裆缝分缝烫平（图9-58、图9-59）。

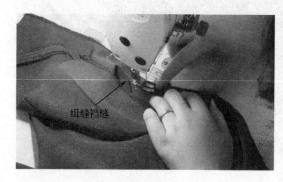
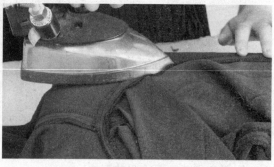

图9-58   图9-59

8.装门、里襟与绱拉链

（1）将门襟与左前裤片正面相对，缉缝1cm（门襟下端起始处缝份0.8cm），缝合后将门襟翻至正面沿缝口压缉0.1cm明线（图9-60、图9-61）。

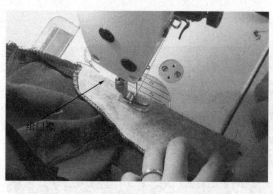
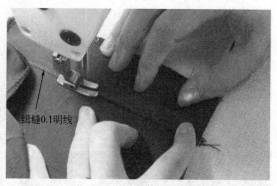

图9-60   图9-61

（2）缝合固定里襟与拉链：将里襟正面向上，拉链下端与里襟下端缝口对齐，将拉链与里襟固定，缉缝0.5cm（图9-62）。

（3）将右裤片前裆缝缝份扣压在里襟拉链上，腰口处的缝份折转0.9cm，里襟下端缝份折转0.5cm，沿折转的缝口压缉0.1cm明线。注意裤片折转的缝份是斜纱，缉缝时不要拉伸（图9-63）。

（4）将拉链与左裤片门襟正面相对，沿拉链缝口边沿缉缝0.1cm。注意摆放拉链时，左裤片要盖住右裤片腰口，拉链不能外露（图9-64）。

（5）缉门襟明线：拉开拉链，沿左裤片正面缉缝门襟明线，明线宽3.5cm。注意明线缉缝要圆顺、不能断线。明线缉缝后将门里襟下端缝合固定（图9-65）。

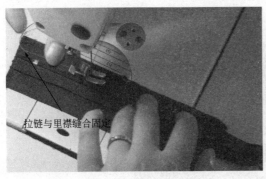

拉链与里襟缝合固定

图9-62

图9-63

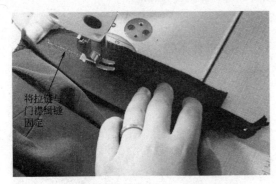

将拉链与门襟缉缝固定

图9-64

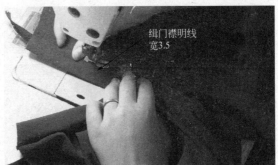

缉门襟明线宽3.5

图9-65

9.做裤襻带

　　将裤襻带没有锁边的一侧先向反面折转0.8cm，再将锁边的一侧折转盖住毛边，折转后的襻带宽1cm，并沿襻带两边的缝口缉缝0.1cm明线。每个襻带的长度为7cm，共5个（图9-66）。

10.装裤襻带

　　将襻带正面与裤片正面的腰口比齐，襻带的位置为左右前裤片省道处各1个，后裤片裆缝处固定1个，前裤片襻带与后裤片襻带中间的位置左右再固定1个（图9-67）

裤襻两侧缉0.1明线

图9-66

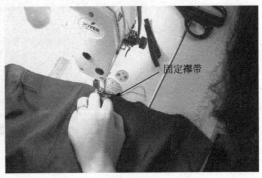

固定襻带

图9-67

11.做腰头

（1）将腰头反面相对，扣烫平整（图9-68）。

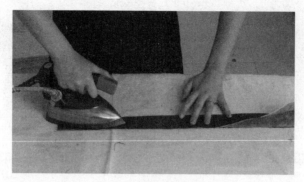

图9-68

（2）用腰头里的缝份向反面折转1cm扣净，熨烫平整（图9-69、图9-70）。

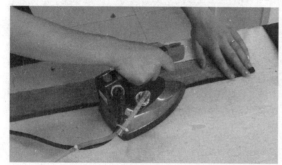

图9-69

用工艺样板扣烫腰头

图9-70

12.绱腰头

（1）将腰面与裤片正面相对，缉缝腰口一周，缝份1cm，缉缝要平服、顺直。左右前门襟处腰头要对齐（图9-71、图9-72）。

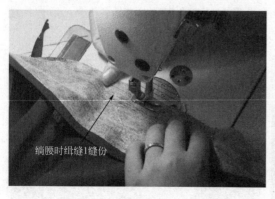

绱腰时缉缝1缝份

图9-71

前门襟左右腰头要对齐

图9-72

（2）将腰头两端正面相对，缉缝腰头两端，缉缝时距离腰头两端起止处0.1cm，缝合后修剪缝份0.5cm并向外翻出（图9-73）。

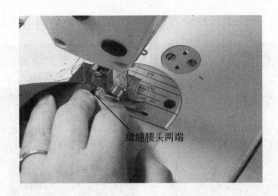

图9-73

（3）翻转腰头沿腰口正面缉缝沿边缝，起止处打倒针，腰里反面的明线为0.1cm（图9-74、图9-75）。

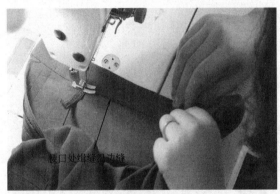

图9-74

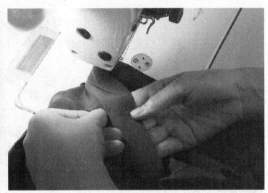

图9-75

（4）固定裤襻下端，距离腰口1cm打倒针。下端缝合后将襻带向上翻转，襻带上端与腰口平齐，将多余的缝份向里折转并缉缝固定（图9-76、图9-77）。

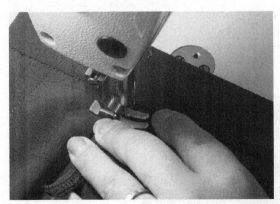

图9-76

图9-77

13.缝合脚口折边

（1）将裤片折边按照净样线向反面扣烫、烫平，折边宽窄一致（图9-78）。

（2）将扣烫好的脚口折边用三角针固定，注意线迹不要外露（图9-79）。

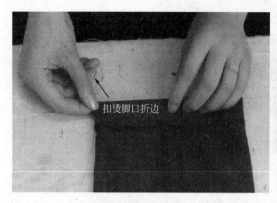

图9-78　　　　　　　　　　　　　图9-79

14.锁眼、钉扣

（1）扣眼在裤子左侧，锁眼时要将裤子腰头的正面放在上边（图9-80）。

（2）钉扣时线结要藏在纽扣与腰头的中间，扣子要钉牢固（图9-81）。

图9-80　　　　　　　　　　　　　图9-81

15.整烫

（1）将内外的缝份线头清剪干净，清理污渍。

（2）先熨烫裤子的反面，将各部位缝份熨烫平整，再翻转到正面从腰头、侧缝至底边按顺序整烫，熨烫正面时要盖上烫布（图9-82）。

图9-82

第三节　女衬衫缝制工艺

一、外形概述

本款女衬衫为关门式立领、前中6粒扣、弧形底边、长袖、袖口开一字衩、收细褶、装袖克夫、前衣片胸部有弧形分割线并做塔克工艺、后衣片收两个腰省、立领与前胸弧形分割线装荷叶边，整体造型合体、美观（图9-83）。

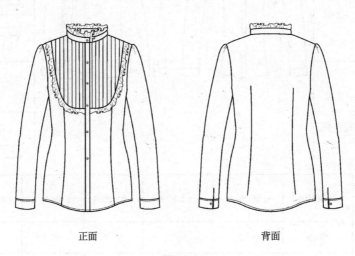

正面　　　　　　　　　　背面

图9-83

二、材料准备

面料：门幅144cm，用料为衣长×1+袖长×1+25cm。

辅料：有纺衬30cm，涤纶线1个，纽扣9粒。

三、女衬衫生产工艺单

1.女衬衫工艺单

女衬衫工艺单见表9-13。

表9-13　女衬衫工艺单

×××服饰工艺单

款号：×××××××

款式说明：	款式图：	产品执行标准：

款式说明：
　　女衬衫为关门式立领、前中6粒扣、弧形底摆、长袖、袖口开一字衩、收细褶、装袖克夫、前衣片胸部有弧形分割线并做塔克工艺、后衣片收两个腰省、立领与前胸弧形分割线装荷叶边，整体造型合体、美观

面料：
棉布　粉色

成分： 95%棉，5%氨纶

里料成分：

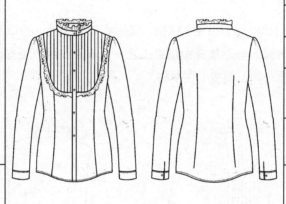

产品执行标准：

衬衫：

GB/T2660-1999

GB18401-2003 B类

甲醛含量：<75

△✕	不可氯漂
30℃	30℃水温可手洗
✕	不可拧扭或脱水
⌒	中温熨烫

部位 \ 型号	160/80A	160/84A	165/88A	165/92A	170/96A	170/100A	公差
后衣长	56.5	57.5	58.5	59.5	60.5		±0.5
肩宽	37.5	38.5	39.5	40.5	41.5		±0.3
胸围	88	92	96	100	104		±1
腰围	73	77	81	85	89		±1
摆围	91	95	99	103	107		±1
袖长	56.5	56.5	57.5	57.5	58.5		±0.5
袖口大	20	20	21	21	22		±0

1.使用11#机针，针距：明线3.5针/cm，暗线4.5针/cm
2.纽扣9粒（门襟止口6粒，袖头2粒，备扣1粒），直径12mm
3.全身用本色缝纫线，各缝均为锁边
4.搭门宽2.6cm。左右分割缝前门襟对齐
5.门襟止口两侧、袖克夫、前衣片弧形分割线、衣领缉0.1cm明线，底边缉0.6cm明线

2.女衬衫裁剪分解图

女衬衫裁剪分解图见表9-14。

表9-14 女衬衫裁剪分解图

裁剪分解图

面料裁片部件表：

编号	部件	数量
1	前中	2
2	前侧	2
3	前片塔克	2
4	后片	1
5	衣领	2
6	袖片	2
7	门里襟	2
8	袖克夫	2
9	袖衩条	2
10	荷叶边	3

1.粘胶部件过粘合机，130°，2.5mpa，70～80

2.裁剪前注意面料松面和醒料

3.注意面料的正反面、缩水率、纱向。

4.面料的缩水率

款号：××××××

衬布裁片：

编号	部件	数量
1	袖克夫	2
2	衣领	1

品名	品号	颜色	色号	规格	单耗	单位	使用部位
面料	HDY074818C/1	粉色	1#	145cm	1.3	m	前中、前侧片、前片塔克、后片、袖片、衣领、门里襟、袖衩条 荷叶边
有纺衬		白色		120cm	0.2	m	袖克夫、衣领
商标		白色		5.5×1.5	1	个	后领中心居中
码标		白色			1	个	商标左侧（正常穿着时）
洗标		白色			1	个	里衬后侧缝腰节下5cm。成分面向上：95%棉、5%氨纶

不可氯漂　中温熨烫　不可拧扭或脱水　30℃水温可手洗

3. 女衬衫案板分解图

女衬衫案板分解图见表9-15。

表9-15 女衬衫案板分解图

款号：×××××××××

×××服饰工艺单——案板分解图

编号	净片部件	数量
1	前中	2
2	前侧	2
3	前片塔克	2
4	后片	1
5	衣领	2
6	门里襟	2
7	袖片	2
8	袖克夫	2
9	袖衩条	2
10	荷叶边	3

表示剪口	表示有纺衬	表示纱织方向	表示线钉位
——	▨	⟶	⊠

具体要求

1. 注意面料的纱织方向
2. 保证标记点和剪口的位置准确
3. 按样板净片，注意前片塔克部位留有余量，防止褶裥缝缝后变形
4. 注意净片时左右对称

4. 女衬衫面辅料单耗及样卡表

女衬衫面辅料单耗及样卡表见表9-16。

表9-16 女衬衫面辅料单耗及样卡表

×××服饰工艺单——面辅料单耗及样卡表

款号：××××××××	投产时间：	款 式 图						
面料A：95%棉，5%氨纶	辅料B：有纺衬							

不可氯漂

中温熨烫

不可拧扭或脱水

30℃水温可手洗

品名	品号	颜色	色号	规格	单耗	单位	使用部位
面料	上装D	HDY074 818C/1	粉色	1#	148cm	1.3	m	前中、前侧片、前片塔克 后片、袖片、门里襟、衣领 袖克夫、袖衩条、荷叶边
有纺衬	上装D		白色		120cm	0.2	m	衣领、袖克夫
纽扣	上装D	北京鸿达	同面料	84	Φ12	8+1	粒	前片6粒，袖克夫2粒，备扣1粒
商标	上装D	白色商标	白色		5.5×1.5	1	个	钉在后领中间
码标	上装D		白色			1	个	商标左侧（正常穿着时）
洗标	上装D		白色			1	个	
衣挂	上装D	165	白色			1	个	
吊牌	上装D					1	个	
吊粒	上装D					1	个	
吊兜	上装D					1	个	
塑料袋	上装D	55×85				1	个	
缝纫线	上装D		同面料			300	m	锁边、缝纫
2股丝光线	上装D		同面料			5	m	锁眼

5.女衬衫工艺剖析

女衬衫工艺剖析见表9-17。

表9-17　女衬衫工艺剖析

××××××服饰工艺单——工艺剖析

款号：×××××××××

针距	使用11#机针，针距：明线3.5针/cm，暗线4.5针/cm
用线	全身用本色缝纫线
做缝	领窝0.8cm，止口0.6cm，底摆0.8cm折边，其余均为1cm
明线	0.1cm处：衣领、止口两侧、袖克夫、前衣片塔克 0.6cm处：衣身底边 0.8cm处：前衣片塔克
净板	衣领、前片、门里襟、袖克夫
有纺衬部位	衣领、袖克夫

各部位缝制细则

正面款式图		具体要求
	领	立领，装荷叶边。领角按净板缉缝，衣领后中高2.5cm，缉0.1cm明线，荷叶边高1.5cm
	止口	叠门宽2.6cm，止口修剪0.3+0.6cm阶梯做缝，止口两侧缉明线0.1明线。止口不反吐。左右门里襟长短一致
	扣位	扣位位置按样板。右片止口锁眼，左片止口上钉扣
	前衣身分割缝	按净板制作，塔克褶裥明线0.8cm，倒向袖窿方向，弧形分割缝装荷叶边，宽度1.5cm，缝份倒向衣身，缉0.1cm明线。竖向分割缝缝份倒向侧缝

背面款式图		具体要求
	肩	肩缝缝份倒向后片，锁边
	省	腰省倒向侧缝
	标	商标：后领居中
		码标：商标的左侧（正常穿着）
		洗标：左侧缝腰节下5cm，成分面向上
	袖	袖山三个褶裥，中间的褶裥对准肩缝。袖口做碎褶，一字衩长10cm，袖衩条宽1cm。袖克夫宽5cm，长20cm，缉0.1cm明线。袖缝1cm做缝，倒向后袖
	底摆	底摆0.8cm折边，缉0.6cm明线
	锁眼	扣眼大1.2cm
	钉扣	牢固，双股线，每孔绕线4～5次

四、女衬衫排料图

女衬衫排料图如图9-84所示。

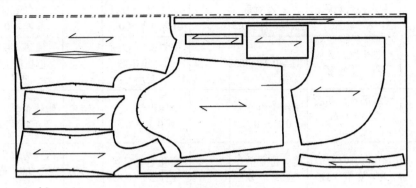

图9-84

五、女衬衫成品质量要求与评价标准

女衬衫的工艺重点是做领、缩领和做袖衩、缩袖。

1.女衬衫成品质量要求

（1）符合成品规格。

（2）缩领平服，左右领角形状对称、明线宽窄一致。

（3）左右门里襟长短一致，止口平直、无歪斜。

（4）缩袖圆顺，袖克夫左右对称，宽窄一致。袖衩平服，袖口褶裥量均匀。

（5）底边缉线顺直，明线宽窄一。

2.女衬衫成品质量要求与评价标准

女衬衫成品质量要求与评价标准见表9-18。

表9-18　女衬衫成品质量要求与评价标准　　　　　　　　　单位：cm

项目	分值	质量标准要求	轻缺陷	扣分	重缺陷	扣分	严重缺陷	扣分
尺寸规格10分	2	衣长规格正确，不超偏差±1	超50%以内		超50%～100%内		超100%以上	
	2	胸围规格正确，不超偏差±1.5	超50%以内		超50%～100%内		超100%以上	
	2	肩宽规格正确，不超偏差±0.6	超50%以内		超50%～100%内		超100%以上	
	2	袖长规格正确，不超偏差±0.8	超50%以内		超50%～100%内		超100%以上	
	1	袖口规格正确，不超偏差±0.5	超50%以内		超50%～100%内		超100%以上	
	1	领围规格正确，不超偏差±0.5	超50%以内		超50%～100%内		超100%以上	

项目	分值	质量标准要求	轻缺陷	扣分	重缺陷	扣分	严重缺陷	扣分
衣领21分	5	左右领角对称，大小一致	左右不对称，互差0.1～0.2		左右不对称，互差0.2～0.3		左右不对，互差>0.3	
	5	绱领平服、无偏斜、不起皱	偏斜0.2～0.5		偏斜0.5～0.8 面、里扭曲变形		偏斜>0.8 严重扭曲变形、起皱	
	3	缉线顺直，明线宽窄一致，无下坑	缉线歪斜互差0.1～0.3		缉线歪斜，互差0.3～0.5		缉线歪斜，互差>0.5下坑	
	3	荷叶边碎褶均匀，宽窄一致	荷叶边宽窄互差0.2～0.5		荷叶边宽窄互差0.5～0.8		荷叶边宽窄互差>0.8 碎褶不均匀	
	2	衣领对肩剪口左右对称	互差0.1～0.3		互差0.3～0.5		互差>0.5	
	3	领前角与止口平齐	不平齐，探出互差0.1～0.2		不平齐，探出互差0.2～0.5		不平齐，探出互差>0.5	
门里襟8分	2	门里襟平服	轻度起皱		重度起皱		严重起皱	
	2	门里襟长短一致	互差0.2～0.4		互差0.4～0.6		互差>0.6	
	2	门里襟止口不反吐	轻度反吐		重度反吐		严重反吐	
	1	左右叠门宽窄一致	互差0.2～0.4		互差0.4～0.5		互差>0.5以上	
	1	门里襟明线宽窄一致，无下炕、无断线	明线宽度互差0.1～0.2		明线宽度互差0.2～0.3，有1处断线或下坑		明线宽度互差>0.3有2处以上断线或下坑	
衣袖26分	6	绱袖山圆顺、平服、饱满	轻度不圆顺、不饱满		重度袖山起皱、瘪落		严重袖山起皱、瘪落	
	5	袖山褶裥左右对称	不对称互差0.1～0.3		不对称互差0.3～0.5		不对称互差>0.5	
	6	绱袖前后位置准确，前后适宜，左右对称	左右袖位轻微偏离		左右袖位重度偏离，左右不对称			
	3	袖衩平服，袖衩长短一致	互差0.2～0.5		互差0.5～0.8		互差>0.8以上，扭曲不平服	
	3	袖衩无毛漏、缉线顺直、无下炕	缉线轻微弯曲		缉线弯曲比较严重，有1只袖衩毛漏		缉线重度弯曲、下坑，有2只袖衩毛漏，	
	3	袖口碎褶均匀	碎褶轻微不均匀		碎褶严重不均匀			
袖克夫6分	3	袖克夫左右对称、方正	轻微不方正、不对称		较重不方正、不对称		严重不方正、不对称	
	3	袖克夫两端与袖衩平齐	不平齐，探出互差0.1～0.2		不平齐，探出互差0.2～0.5		不平齐，探出互差>0.5	

续表

项目	分值	质量标准要求	轻缺陷	扣分	重缺陷	扣分	严重缺陷	扣分
前后衣片17分	5	侧缝、分割缝、袖底缝缝合顺直、松紧适宜	轻微起皱		较重起皱		严重起皱	
	5	塔克缉线、缝份与锁边线迹均宽窄一致	宽窄不一致互差0.2～0.5		宽窄不一致互差0.5～0.8		宽窄不一致互差>0.8	
	2	缉线牢固、顺直、无断线	有1处断线		有2处断线		有2处以上断线	
	2	袖底十字缝对齐	不对齐互差0.2～0.5		不对齐互差0.5～0.8		不对齐互差>0.8	
	3	底摆折边宽窄一致，明缉线顺直、平服、无链型	底边轻微不平服、起皱		起皱较重，明线宽窄不一致互差0.2～0.5		起皱严重，明线宽窄不一致互差>0.5	
整洁牢固3分	1	整件产品无明暗线头	明有2根或暗有3根		明有3根或暗有4根		很多	
	1	整件产品无跳针、浮线和粉印	有2处		有3处		有3处以上	
	1	明线3针/cm，暗线4.5针/cm			明线、暗线不符合规定			
锁眼钉扣4分	2	锁眼位准确且锁眼线迹整齐	锁眼线迹轻度不齐		锁眼位有较大长短不一致，锁眼线迹不齐		锁眼位置严重偏离，锁眼线脱落，扣眼豁开	
	2	钉扣位置准确，钉扣牢固	扣合后轻度不平		扣合后较不平		扣合后严重不平	
整烫5分	5	各部位熨烫平服，无亮光和水印	有水印		有亮光、褶皱2处		有亮光、褶皱3处以上	

六、女衬衫制作工艺流程

女衬衫制作工艺流程如图9-85所示。

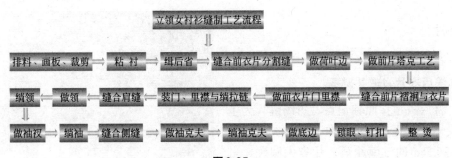

图9-85

七、女衬衫缝制工艺图解

1.排料、画板、裁剪

（1）排料注意事项：纱向顺直，不要倾斜；面料有方向（如毛向、阴阳格等），一件服装的所有衣片要方向一致；如果是条格面料，要保证左右对称，前衣片门襟止口、衣片分割线、前后片腰节侧缝处、左右领角、袖缝、袖克夫等均要对格（图9-86）。

（2）画板：标记眼刀的部位有前后片省道、前片塔克、前后片腰节侧缝、袖片褶裥、领中点等。前衣塔克褶裥裁片画板时要比样板大一些（图9-87）。

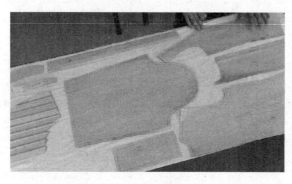

　　图9-86　　　　　　　　　　　　　　　图9-87

（3）裁剪

① 面料裁剪时要将标记点剪眼刀口（图9-88）。

② 裁衬时需要粘衬的部位有1片领面、2片袖克夫（图9-89）。

　　图9-88　　　　　　　　　　　　　　　图9-89

2.粘衬

在领面、袖克夫的反面粘衬（图9-90）。

3.缉缝后衣片省道并熨烫

（1）将后省道按照标记点对折缉缝。为了避免省尖出处出现起窝的现象，通常在省尖的位置保持0.5cm的过渡距离，让省尖圆顺、自然地消失（图9-91）。

图9-90

（2）将省道向侧缝方向烫倒、烫平（图9-92）。

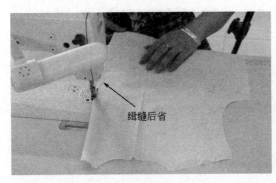

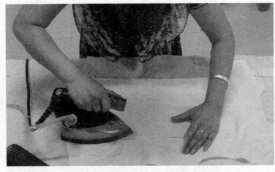

图9-91　　　　　　　　　　　　　　　　图9-92

4.缝合前衣片分割缝

将前衣片分割缝正面相对，缉缝1cm缝份。缝合后锁边，锁边时将侧缝一侧的衣片放在上边（图9-93、图9-94）。

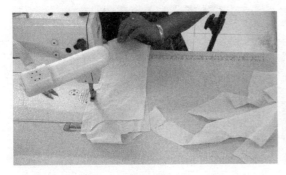

图9-93　　　　　　　　　　　　　　　　图9-94

5.做荷叶边

（1）使用卷边压脚将布料向里折转，沿缝口缉缝0.1cm明线（图9-95）。

（2）使用缩褶压脚沿荷叶边另一侧的毛边缉缝0.5cm，然后将缝线拉紧，使细褶规则、自然（图9-96、图9-97）。

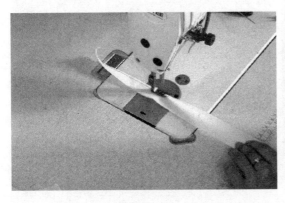

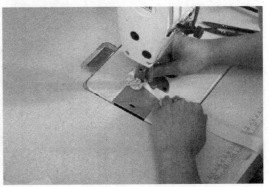

图9-95　　　　　　　　　　　　　　　　图9-96

6. 做前片塔克工艺

（1）按照褶裥剪口正面相对缉缝，褶裥宽度0.8cm。缉线要顺直，宽窄一致。缝好的褶裥要向袖窿一侧烫倒（图9-98）。

（2）将缝合的左右前片塔克正面相对，左右片的褶裥要对齐，按照裁片样板进行修剪（图9-99、图9-100）。

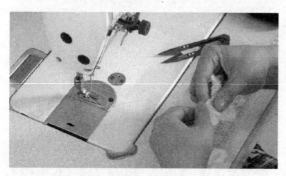

图9-97

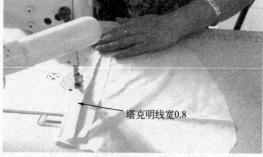

塔克明线宽0.8

图9-98

图9-99

图9-100

7. 合前片塔克与衣片

（1）将荷叶边与塔克弧形边正面相对缉缝0.5cm（图9-101）。

（2）将前片塔克与衣片弧形分割线正面相对，缉缝1cm，缉线要圆顺（图9-102）。

图9-101

图9-102

（3）缝合后将缝份锁边，锁边时衣片要向上摆放（图9-103）。

（4）在衣片正面沿缝口缉缝0.1cm明线（图9-104）。

图9-103　　　　　　　　　　　图9-104

8.做前衣片门里襟

（1）将门里襟一侧的缝份按照工艺样板向反面折转扣烫1cm（图9-105）。

（2）将门襟与右前片止口正面相对，缉缝1cm，上下层松紧一致，缉线不能歪斜。修剪衣片的缝份为0.5cm，门襟的缝份0.8cm。缝合好的缝份向门襟一侧烫倒，并将门襟向上翻转至衣片正面，熨烫时门襟止口不要反吐（图9-106～图9-108）。

（3）沿门襟两侧的缝口缉缝0.1cm明线（图9-109）。

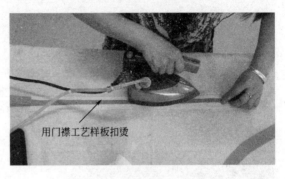

图9-105

图9-106

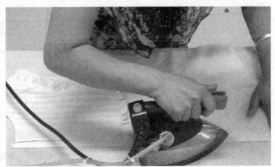

图9-107

图9-108

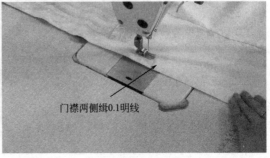

图9-109

（4）里襟的做法与门襟相同。

9.缝合肩缝

（1）将前后衣片肩部正面相对，缝合肩缝，缝份1cm，两端起止处打倒针（图9-110）。

（2）缝合好的肩缝要锁边，锁边时前衣片要放在上边（图9-111）。

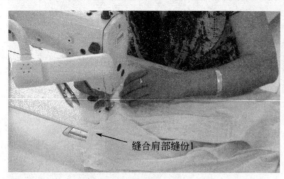

缝合肩部缝份1

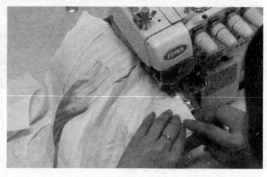

图9-110 图9-111

（3）衣领上口要装荷叶边，将荷叶边与领面正面相对，缉缝0.5cm（图9-112）。

（4）领面与领里正面相对，沿衣领净样线缉缝。修剪衣领缝份并翻转熨烫，领角要方正（图9-113）。

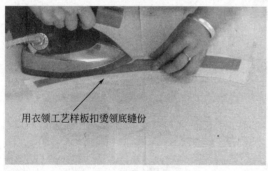

用衣领工艺样板扣烫领底缝份

图9-112 图9-113

10.做领

（1）领里的下口用工艺样板向反面折转1cm扣烫（图9-114）。

（2）领面的反面用衣领工艺样板画出净样线（图9-115）。

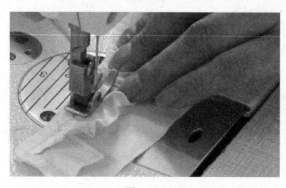

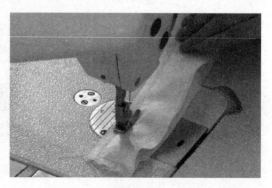

图9-114 图9-115

11.绱领

（1）衣领面与前衣片领口正面相对，按照领面净样线绱缝。衣领上的点、后领口中点与衣片的肩缝、后片领口中点对齐，绱线圆顺（图9-116）。

（2）翻至衣领正面沿衣领缝口绱缝一周0.1cm明线（图9-117）。

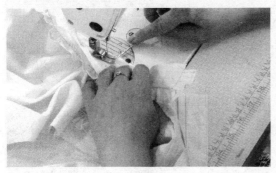

| 图9-116 | 图9-117 |

12.做袖衩

（1）袖衩条与袖片正面相对，沿袖衩剪口位置绱缝0.8cm，袖衩剪口上端绱缝0.1cm，便于转角，不要绱缝出皱褶（图9-118）。

（2）袖衩条向反面折转0.8cm再折转1cm，对齐袖衩与袖片的缝合线，绱缝0.1cm明线（图9-119）。

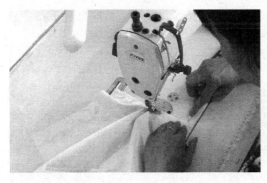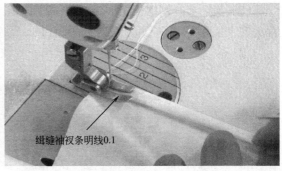

| 图9-118 | 图9-119 |

（3）袖衩条正面相对，反面封口打倒针，也可以继续向袖片上绱缝锥形省道，省长5～6cm（图9-120）。

13.绱袖

（1）按照袖山的剪口绱缝固定褶裥（图9-121）。

（2）将袖片与衣片正面相对，绱缝1cm绱袖，袖山顶点剪口与衣片肩缝对齐（图9-122）。

（3）将缝合好的袖山弧线锁边，锁边时衣片放在上边（图9-123）。

图9-120　　　　　　　　　　　　图9-121

图9-122　　　　　　　　　　　　图9-123

14.缝合侧缝

（1）前后衣片侧缝处正面相对，缉缝1cm，起止两端打倒针，前后衣片腰节处剪口、袖窿处的十字缝要对齐，缉线顺直（图9-124）。

（2）缝合好的侧缝要锁边，锁边时前衣片放在上边（图9-125）。

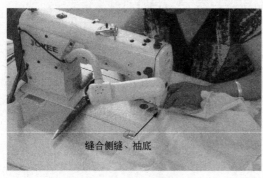

图9-124　　　　　　　　　　　　图9-125

15.做袖克夫

（1）用工艺样板将袖克夫里一侧的缝份向里折转扣烫，缝份1cm（图9-126）。

（2）将袖克夫正面对折，袖克夫里、面上口的缝份一起折转到袖克夫面（反面），缉缝袖克夫两端，缝份宽1cm（图9-127）。

图9-126

图9-127

（3）修剪缝份并翻转熨烫，袖克夫面上口比袖克夫里略窄0.1cm（图9-128）。

袖克夫面比袖克夫里窄0.1

图9-128

16.绱袖克夫

（1）袖口抽不规则细褶，袖衩条上层的衩条要向里折转（图9-129、图9-130）。

图9-129

图9-130

（2）袖衩条左右两端做绱袖克夫标记点，袖口夹进袖克夫里，沿缝口缉缝一周0.1cm明线（图9-131、图9-132）。

图9-131

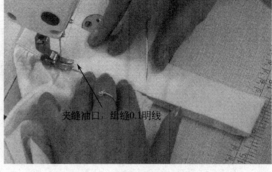

夹缝袖口，缉缝0.1明线

图9-132

17.做底边

（1）沿底边正面锁边（图9-133）。

（2）底边向衣片反面折转0.6cm，沿锁边线缉缝0.5cm明线，左右衣片门襟长短一致，明线宽窄一致（图9-134）。

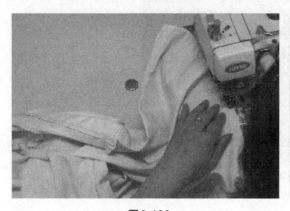

图9-133

图9-134

18.锁眼、钉扣

（1）用工艺样板确定扣眼与纽扣的位置。衣领前中1个，门襟4个，左右袖克夫各1个（图9-135、图9-136）。

（2）使用平头锁眼机锁扣眼。立领上锁横扣眼1个，右片门襟上锁竖扣眼5个，袖克夫各锁1个扣眼（图9-137）。

图9-135

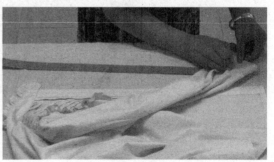

图9-136

（3）钉扣（图9-138）。

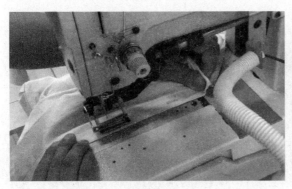

图9-137

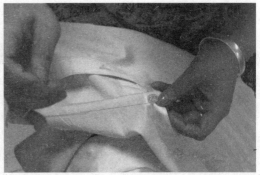

图9-138

19.整烫

（1）将内外的缝份线头清剪干净，清理污渍。

（2）熨烫门里襟与前衣片，熨烫时注意不要烫倒纽扣，否则会烫坏。

（3）熨烫衣袖与袖克夫，袖口有细褶，要将细褶理顺整齐。袖底缝向后袖片烫倒，烫平（图9-139）。

（4）熨烫衣领，先烫领里，再烫领面。

（5）熨烫后衣片、侧缝与底边。

图9-139

20.成品展示

女衬衫成品展示如图9-140、图9-141所示。

图9-140

图9-141

第四节 女西装缝制工艺

一、外形概述

本款女西装领型为西装领，有领座，前门襟为平驳头，单排3粒扣，衣身前后有公主缝，收腰明显，袖型为合体两片圆装袖，穿着合体，曲线突出，富有立体造型感（图9-142）。

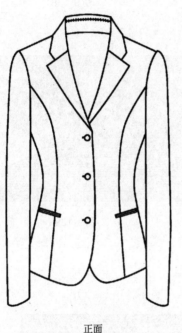 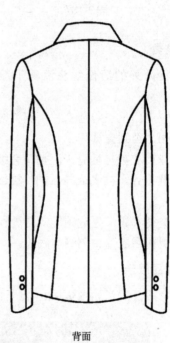

正面　　　　　　　　　　　　　　　　　背面

图9-142

二、材料准备

面料：门幅144cm，用料为衣长×1+袖长×1+20cm。

辅料：里布1.3m，有无衬1.2m，垫肩1副，涤纶线1轴，纽扣7粒。

三、女西装生产工艺单

1.女西装工艺单

女西装工艺单见表9-19。

表9-19　女西装工艺单

×××服饰工艺单

款号：×××××××

| 款式说明： | 款式图： | 产品执行标准： |

款式说明：
本款女西装领型为西装领，有领座，前门襟为平驳头，单排3粒扣，衣身前后有公主缝，收腰明显，袖型为合体两片圆装袖，穿着合体，曲线突出，富有立体造型感

款式图：

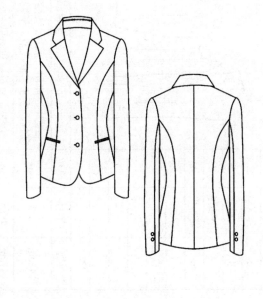

产品执行标准：

上衣：

GB/T2665-2001

GB18401-2003 C类

甲醛含量：

＜300

▽（不可氯漂）	不可氯漂
中温熨烫	中温熨烫
不可拧扭	不可拧扭或脱水
Ⓟ	只可干洗

面料：羊毛，驼色

成　分：95%羊毛，5%锦纶

里料成分：100%涤纶

部位 ＼ 型号	160/80A	160/84A	165/88A	165/92A	170/96A	170/100A	公差
后衣长	58	59	60	61	62		±0.5
肩宽	38	38.8	39.6	40.4	41.2		±0.3
胸围	91	94	97	101	105		±1
腰围	75	78	82	86	90		±1
摆围	95	98	101	105	109		±1
袖长	56.5	56.5	57.5	57.5	58.5		±0.5
袖口大	12.5	12.9	13.3	13.7	14.1		±0

1.使用14#机针，针距：明线3针/cm，暗线4.5针/cm

2.纽扣3粒，透明垫扣1粒（备扣1粒，直径20mm）

3.明线用本色丝光线

4.缉明线处必须修剪做缝

5.叠门宽3.4cm

6.袋口大：32、34码13cm；36、38码13.5cm；40、42码14cm

2. 女西装裁剪分解图

女西装裁剪分解图见表9-20。

表9-20 女西装裁剪分解图

裁剪分解图

款号：×××××××××

面布裁片：

编号	部件	数量
1	前片	2
2	前侧	2
3	后片	2
4	后侧片	2
5	贴边	2
6	大袖面	2
7	小袖面	2
8	翻领	2
9	领座	2
10	嵌线条	4
11	垫袋布	2
12	后领贴	1

里布裁片：

编号	部件	数量
1	前里	2
2	后里	2
3	后侧里	2
4	大袖里	2
5	小袖里	2
6	袋布里	4

1. 各部件过粘合机130°，2.5mpa，70～80
2. 裁剪前注意面料松料和醒料
3. 注意面料的正反面，缩水率，纱向
4. 面料的缩水率率为经2%，纬1%

品名	品号	颜色	色号	规格	单耗	单位	使用部位
面料	21053	驼色	15#	148cm	1.3	m	前片、前侧、后片、后侧片、挂面、大小袖面、翻领、领座、嵌线条、垫袋布、后领贴
里料	C-127	驼色	204Y	147cm	0.85	m	前里、后里、后侧里、大小袖里、贴兜里
有纺	30D	白色		120cm	0.8	m	前片、后肩、后袖隆、翻领、贴边、领座
商标		白色		5.5×1.5	1	个	后领窝中心向下3.5cm居中
码标		白色			1	个	商标左侧
洗标		白色			1	个	里衬后侧缝腰节下5cm，成分面向上（正常穿着时）

不可氯漂　　中温熨烫　　不可拧扭或脱水　　只可干洗

3. 女西装案板分解图

女西装案板分解图见表9-21。

表9-21 女西装案板分解图

××× 服饰工艺单——案板分解图

表示剪口	表示有纺衬	表示纱织方向	表示线钉位
—			

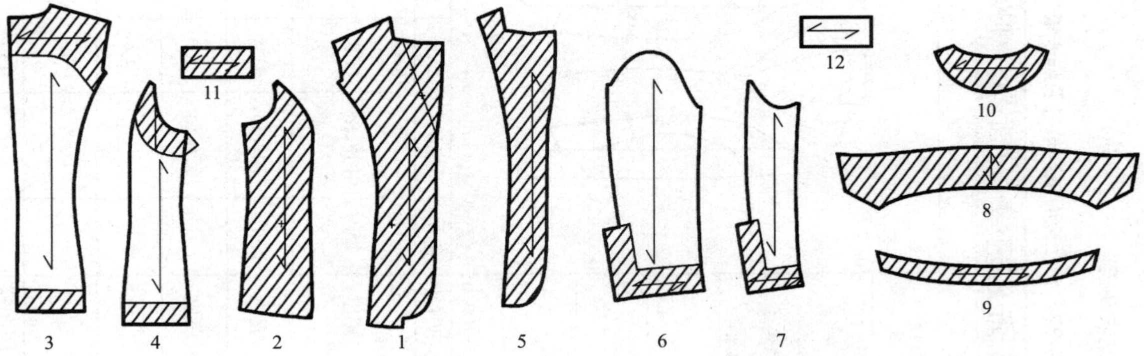

具体要求

1. 注意面料的纱织方向
2. 保证线钉和剪口的位置准确
3. 按样板钉样净片，注意驳头、底边、袖隆、领口部位留有余量，防止粘衬后变形
4. 注意净样片的左右对称

编号	净片部件	数量
1	前片	2
2	前侧	2
3	后片	2
4	后侧片	2
5	挂面	2
6	大袖面	2
7	小袖面	2
8	翻领	2
9	领座	2
10	后领贴边	1
11	双嵌线	4
12	垫袋布	2

4. 女西装面辅料单耗及样卡表

女西装面辅料单耗及样卡表见表9-22。

表9-22　女西装面辅料单耗及样卡表

×××服饰工艺单——面辅料单耗及样卡表								
款号：××××××××	投产时间：			款　式　图				
面料：羊毛	辅料：有纺衬							
里布：涤纶								

	不可氯漂
	中温熨烫
	不可拧扭或脱水
P	只可干洗

品名	品号	颜色	色号	规格	单耗	单位	使用部位
面料	上装S 21053	驼色	15#	148cm	1.3	m	前片、前侧片、后片、后侧片、挂面、大袖面、小袖面、翻领、领座、嵌线、垫带布
里料	上装S C-127	驼色	204Y	147cm	0.9	m	前里、后里、后侧里、大小袖里、袋布
有纺	上装S 30D	白色		120cm	0.8	m	前片、后肩、后袖窿、挂面、翻领、领座、袖口贴边
0.8cm嵌条	上装S	白色			2.4	m	止口、领口、驳头、翻折线、袖窿
垫肩	上装S DH6025-2	白色			1	副	32，34，36
	DH6026-2						38，40，42
纽扣	上装S 冠利	同面料		Φ20	1+1	粒	右前片3粒，备扣1粒
商标	上装S 白色商标	白色		5.5×1.5	1	个	后领窝中心下3.5cm居中
码标	上装S	白色			1	个	商标左侧（正常穿着时）
洗标	上装S	白色			1	个	
衣挂	上装S 166	黑色			1	个	
吊牌	上装S				1	个	
吊粒	上装S				1	个	
吊兜	上装S				1	个	
塑料袋	上装S 55×85				1	个	
棉线	上装S	白色			4	根	
普通缝纫线	上装S	同面料			260	m	参考
2股丝光线	上装S	同面料			1.5	m	锁眼
3股丝光线	上装S	同面料			15	m	明线处

5.女西装工艺剖析

女西装工艺剖析见表9-23。

表9-23 女西装工艺剖析

××××××服饰工艺单——工艺剖析

款号：×××××××××

针距	用14号针，针距：明线3针/cm，暗线4.5针/cm
用线	明线用驼色丝光线，暗线用驼色普通线
做缝	领窝0.8cm，止口0.6cm，底摆和袖口4cm折边，后中1.3cm
明线	0.1cm处：翻领与领座接缝
净板	翻领、领座、前片和挂面净板
有纺衬部位	前片、后肩、后袖窿、挂面、翻领、领座

各部位缝制细则

正面款式图		具体要求
	领	西服领，平驳头，有领座。领角按净板缉缝，翻领后中宽5.2cm，领座后中宽2cm。领子接缝劈烫，剔做缝成0.5cm，两侧缉0.1cm明线
	止口	驳头宽7.5cm，长28cm 搭门宽3.4cm，止口修剪0.3+0.6cm阶梯做缝，翻折点上衣身反压0.1cm 明线翻折点下贴边反压0.1cm明线。止口不反吐眼皮
	扣位	扣位位置按样板。左片止口锁眼，右片止口上钉扣
	口袋	按净板制作，双嵌线的宽度0.5cm，袋口大14cm
	里子	腋下省上倒。侧缝和后开剪缝向前倒。后中缝向左倒。袖缝倒向大袖。均为1cm做缝，里子缝有眼皮量，后里中缝2cm的眼皮量顺出
背面款式图		具体要求
	肩	肩缝劈缝，上倒肩袖
	分割缝	后中缝和腋下开剪均劈烫。后袖窿处，齐毛缝平行与袖窿，粘4cm宽的有纺衬
	标	商标：后领窝下3.5cm居中
		码标：商标的左侧（正常穿着）
		洗标：左侧缝腰节下5cm，成分面向上
	袖缝	1cm做缝，劈烫
	底摆袖口	底摆和袖口4cm折边，粘6cm宽的有纺衬。里子不外露，距袖口和底摆1.5cm，面里接缝对位
	手针	扦缝领窝，肩点，腋下，底摆，袖口，贴边与前身。袖窿处外袖缝，一点。外袖缝袖肘处扦缝10cm长。不透针，无针窝
	钉扣	牢固，双股线，每孔绕线4～5次

四、女西装排料图

女西装排料图如图9-143所示。

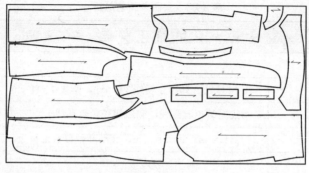

图9-143

五、女西装成品质量要求与评价标准

女西装的工艺重点是做领、绱领、做袖衩、绱袖、衣片的归拔方法。

1.女西装成品质量要求

（1）符合成品规格。

（2）前身胸部归拔定性符合女性体型特征，胸部造型饱满，收腰一致，丝缕顺直，门里襟长短一致，衣角圆顺，不反翘。

（3）绱领平服，左右领角形状对称、串口丝缕顺直、左右高低一致。

（4）背缝顺直，收腰自然。

（5）袖山吃势均匀，绱袖圆顺，袖衩平服，左右对称。

（6）肩部饱满，垫肩安装平服。

（7）里布光洁、平整。

2.女西装成品质量要求与评价标准

女西装成品质量要求与评价标准见表9-24。

表9-24　女西装成品质量要求与评价标准　　　　　单位：cm

项目	分值	质量标准要求	轻缺陷	扣分	重缺陷	扣分	严重缺陷	扣分
尺寸规格10分	2	衣长规格正确，不超偏差±1	超50%以内		超50%～100%内		超100%以上	
	2	胸围规格正确，不超偏差±1.5	超50%以内		超50%～100%内		超100%以上	
	2	肩宽规格正确，不超偏差±0.6	超50%以内		超50%～100%内		超100%以上	
	2	袖长规格正确，不超偏差±0.8	超50%以内		超50%～100%内		超100%以上	
	1	袖口规格正确，不超偏差±0.5	超50%以内		超50%～100%内		超100%以上	
	1	袋口规格正确，不超偏差±0.5	超50%以内		超50%～100%内		超100%以上	

续表

项目	分值	质量标准要求	轻缺陷	扣分	重缺陷	扣分	严重缺陷	扣分
驳领 19分	3	左右领角对称，大小一致	左右不对称，互差0.2～0.3		左右不对称，互差0.3～0.5		左右不对，互差＞0.5	
	3	翻领窝服自然，不反翘	止口反吐		面、里轻度扭曲变形		面、里严重扭曲变形	
	3	串口线顺直，长短一致	串口线歪斜，互差0.1～0.3		串口线歪斜，互差0.3～0.5		串口线歪斜，互差＞0.5	
	3	翻领盖住领座	翻领未盖住领座，互差0.1～0.3		翻领未盖住领座，互差0.3～0.5		翻领未盖住领座，互差＞0.5	
	1	明绲线宽窄一致	轻度歪斜		重度歪斜		严重歪斜	
	3	左右驳头宽窄一致，窝服自然，不反翘	左右驳头宽窄不一致，互差0.2～0.3，止口反吐		左右驳头宽窄不一致，互差0.3～0.5，驳头重度反翘		左右驳头宽窄不一致，互差＞0.5，驳头严重反翘	
	3	绱领缝线顺畅，对肩剪口对称	互差0.2～0.3		互差0.3～0.5且丝绺有拉还		互差＞0.5且丝绺有2处以上拉还	
门里襟 10分	2	门里襟平服	轻度起皱		重度起皱		严重起皱	
	2	门里襟长短一致	互差0.2～0.4		互差0.4～0.6		互差＞0.6	
	2	门里襟止口不反吐	轻度反吐		重度反吐		严重反吐	
	1	左右叠门宽窄一致	互差0.2～0.4		互差0.4～0.5		互差＞0.5以上	
	1	门里襟绲线顺直	轻度不顺		重度不顺		严重不顺	
	2	门里襟底边圆角对称、圆顺	轻度不对称、不圆顺		重度不对称、不圆顺		严重不对称、不圆顺	
口袋 14分	4	两袋袋位高低、左右进出一致	互差0.2～0.3		互差0.3～0.5		互差＞0.5以上	
	4	袋角方正，不毛漏	口袋歪斜、毛漏轻微		口袋重度歪斜、毛漏		口袋严重歪斜、毛漏	
	3	上下嵌线条宽窄一致	互差0.1～0.3		互差0.3～0.5		互差＞0.5以上	
	3	装袋绲线顺直且袋口牢固	装袋绲线轻微歪斜、不牢固		装袋绲线重度歪斜、袋口松散		装袋绲线严重扭曲、袋口完全豁开	

项目	分值	质量标准要求	轻缺陷	扣分	重缺陷	扣分	严重缺陷	扣分
袖子24分	8	绱袖袖山圆顺、饱满	轻度不圆顺、不饱满		重度袖山起皱、瘪落		严重袖山起皱、瘪落	
	8	绱袖前后位置准确，前后适宜，左右对称	左右袖位轻微偏离		左右袖位重度偏离，左右不对称			
	4	袖口大小一致，无链形，袖里不反吐	互差0.5～1		互差>1，有链形		互差>1以上。袖口扭曲变形，袖里反吐	
	4	袖衩平服，大小袖衩长短一致	互差0.2～0.5		互差0.5～0.8		互差>0.8以上，扭曲不平服	
前后衣片7分	4	前后衣身造型饱满、归拔定型符合人体体型特征	衣身归拔定型轻微不符合人体体型		衣身归拔定型轻微严重不符合人体体型			
	1	缉线牢固、顺直、无断线	有1处断线		有2处断线		有2处以上断线	
	2	底边平服、里布不反吐、无链型	底边轻微不平服		底边里布反吐，扭曲，不平服			
里布4分	4	里布平服，无褶皱	有轻微起皱1处		起皱有3处		严重起皱3处以上	
整洁牢固3分	1	整件产品无明暗线头	有		明有3根或暗有4根		很多	
	1	整件产品无跳针、浮线和粉印	有2处		有3处		有3处以上	
	1	明线3针/cm，暗线4.5针/cm			明线、暗线不符合规定			
锁眼钉扣4分	2	锁眼位准确且锁眼线迹整齐	锁眼线迹轻度不齐		锁眼位有较大长短不一致，锁眼线迹不齐		锁眼位置严重偏离，锁眼线迹脱落，扣眼豁开	
	2	钉扣位置准确，钉扣绕脚符合要求	扣合后轻度不平		扣合后较不平		扣合后严重不平	
整烫5分	5	各部位熨烫平服，无亮光和水印	有水印		有亮光、褶皱2处		有亮光、褶皱3处以上	

六、女西装制作工艺流程

女西装制作工艺流程如图9-144所示。

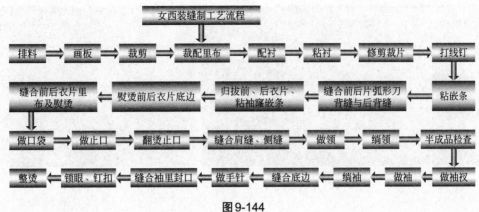

图9-144

七、女西装缝制工艺图解

1.排料

排料时要注意纱向顺直，不要倾斜；面料有方向（如毛向、阴阳格等），一件服装的所有衣片要方向一致；如果是条格面料，要保证左右对称，前衣片门襟止口、衣片分割线、前后片腰节侧缝处、左右领角、袖缝、袖克夫等均要对格（图9-145）。

2.画板

（1）画板时需要做标记：腰节线、绱领点、绱袖点、驳口线、口袋位、扣位、底边、袖口折边、后领中点，肩缝对位点。

（2）因为前衣片、挂面、衣领要全部粘有纺衬，为了避免粘衬时裁片变形，在划片时前衣片、挂面、衣领的缝份要多预留一些（图9-146）。

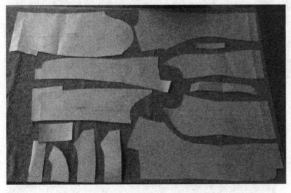

图9-145

图9-146

3.裁剪

裁剪时做标记的部位要打剪口，剪口的深度不要超过0.5cm（图9-147）。

4.裁配里布

用里布样板裁配里布，方法与面料排料、画板、裁剪的要求基本相同（图9-148）。

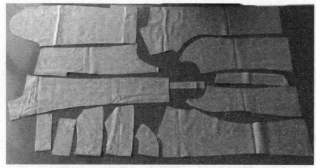

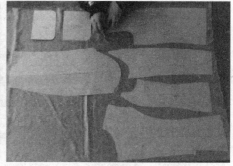

图9-147   图9-148

5.配衬

女西装外套一般采用有纺衬粘衬，粘衬的部位有前衣片、西装领、挂面、后领口贴边、嵌线条全部粘衬，后衣片背部、底边、大小袖片的袖口均粘衬。裁衬时衬布要比面布略微小一点，避免粘到粘合机上（图9-149）。

6.粘衬

注意粘合机的温度、速度、压力要与面料的性能匹配（图9-150）。

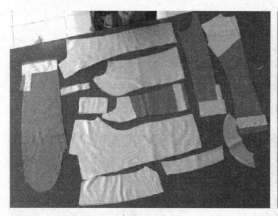

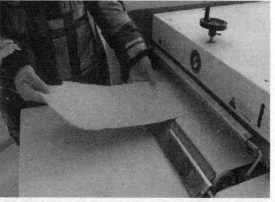

图9-149   图9-150

7.修剪裁片

粘好衬的前衣片、挂面、衣领需要按照毛样板进行修剪，前衣片止口要画净样线缝份0.8cm（图9-151）。

8.打线钉

打线钉的部位有驳口线、口袋位、扣位（图9-152）。

9.粘嵌条

沿前衣片止口净样线粘贴嵌条，从绱

图9-151

领点位置开始粘贴至底边。距离驳口线1cm处粘贴嵌条，粘贴时略微带紧嵌条（图9-153）。

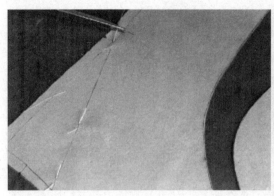
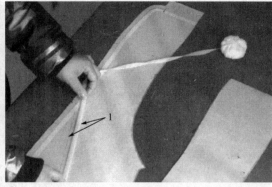

图9-152　　　　　　　　　　　　　图9-153

10.缝合前后片弧形刀背缝与后背缝

（1）缝合前衣片弧形刀背缝时腰节、底边剪口要对齐，弧形刀背的衣片要放在上边，在缉缝刀背弧形位置时，为了保证左右吃势量相同可以打剪口做出标记，吃势为0.3～0.5cm，缉线要圆顺，其他部位上下层无吃势（图9-154）。

（2）缝合后背缝时左右后片的腰节、底边剪口要对齐（图9-155）。

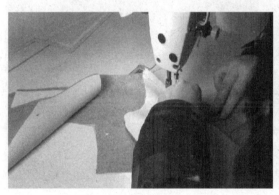
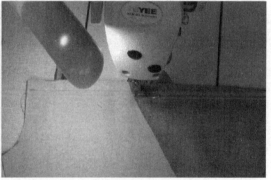

图9-154　　　　　　　　　　　　　图9-155

11.归拔前、后衣片、粘袖窿嵌条

（1）归拔熨烫是使平面衣片塑形成三维立体形状，它是构成服装总体造型的关键。西服前衣片的归拔方法是将前片的肩部、驳头、下摆、袖窿、侧缝臀部的胖势归直，将侧缝吸腰部位拔直。后片的归拔方法是肩部、后背、侧缝臀部、袖窿归直，侧缝吸腰部位拔直。归拔后片时左右片同时熨烫，再将后中缝、刀背缝分缝烫平（图9-156、图9-157）。

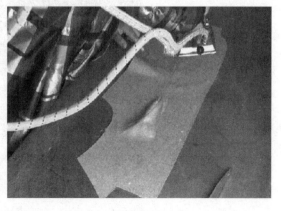

图9-156

（2）将归烫好的前、后衣片袖窿部位粘嵌条定型（图9-158）。

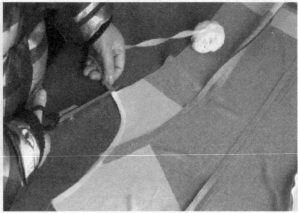

图9-157　　　　　　　　　　　　　　　图9-158

12.熨烫前后衣片底边

修剪底边各分割缝缝份为U型口，并按照折边剪口向反面扣烫，底边造型平顺（图9-159～图9-161）。

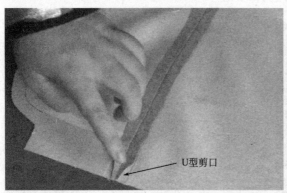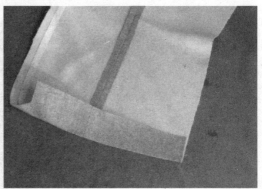

U型剪口

图9-159　　　　　　　　　　　　　　　图9-160

图9-161

13.缝合前后衣片里布及熨烫

（1）将挂面正面与前衣片里布正面相对，缉缝1cm。然后缝合腋下省与腰省（图9-162、图9-163）。

图9-162　　　　　　　　　　　　　　　　　图9-163

（2）将后衣片里布面面相对，从后领剪口向下缉缝4～5cm，然后折转缉缝至背缝1cm处，顺着背缝线形状缝合。将缝好的后片里布与后领口贴边面面相对缉缝1cm，贴边中点剪口与背缝对齐。并将后背刀背缝里布缝合，缝份1cm，起止处打倒针（图9-164、图9-165）。

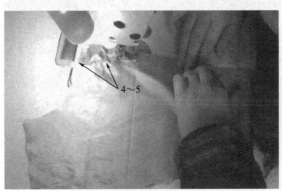

4～5

图9-164　　　　　　　　　　　　　　　　　图9-165

（3）熨烫前后片里布、前片腋下省与腰省（图9-166）。

14.做口袋

（1）扣烫嵌线，上嵌线对折烫平，下嵌线上口向反面扣烫1.5cm（图9-167）。

（2）在嵌线条上画出袋口位置的标记点（图9-168）。

（3）缉垫袋布：将垫袋布的反面与里布的反面相对沿锁边线缉缝0.5cm（图9-169）。

（4）将上、下嵌线条袋口标记点与衣片

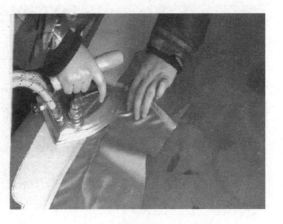

图9-166

正面的袋口点对齐分别缉缝0.5cm，缉线两端要打倒针。缉缝的两条线迹相距1cm宽，两条缝线长度相等且平行（图9-170、图9-171）。

（5）剪开袋口：将袋口中心线剪至距离袋口1cm处，袋口两侧剪成三角形，然后将嵌线条翻转到衣片反面，熨烫平服（图9-172～图9-174）。

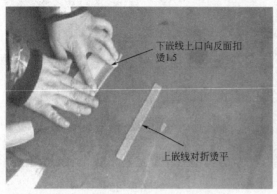

图9-167

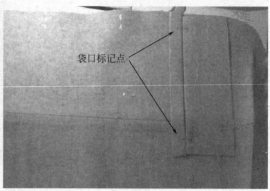

图9-168

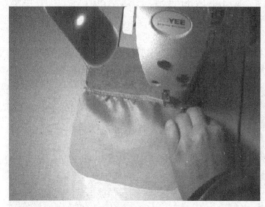

图9-169

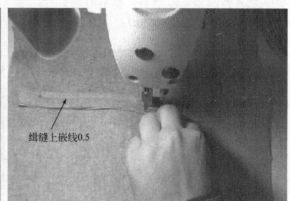

图9-170

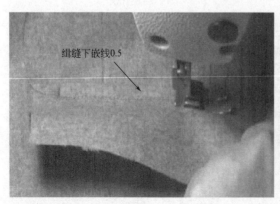

图9-171

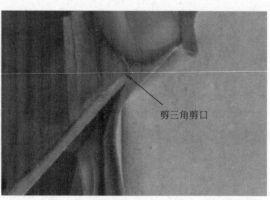

图9-172

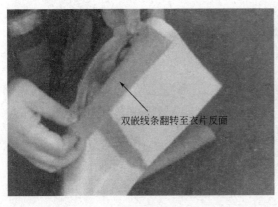

双嵌线条翻转至衣片反面

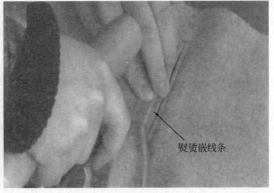

熨烫嵌线条

图9-173　　　　　　　　　　　　　　　图9-174

（6）固定上下袋布：上层袋布与下嵌线正面相对缉缝1cm，下层袋布与上嵌线正面相对沿上嵌线的缝线缉缝（图9-175、图9-176）。

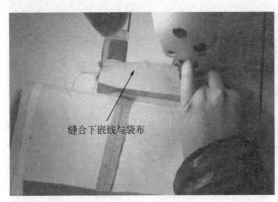

缝合下嵌线与袋布

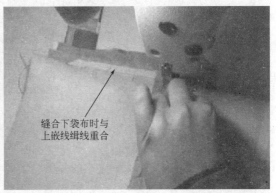

缝合下袋布时与上嵌线缉线重合

图9-175　　　　　　　　　　　　　　　图9-176

（7）封三角：沿袋口反面的剪口缉缝，打到针（图9-177）。

（8）缝合袋布：缉缝袋布，缝份1cm。袋布底边与衣片用手针固定，线迹不要露在衣片正面（图9-178、图9-179）。

15.做止口

（1）将前衣片与挂面正面相对，沿衣片止口净样线缉缝，衣片底摆圆角处，衣身要有0.3～0.5cm的吃势，同理在驳头上端挂面也要有0.3～0.5cm的吃势（图9-180、图9-181）。

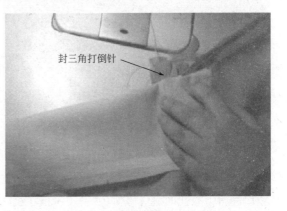

封三角打倒针

图9-177

（2）将缉缝好的止口翻到正面，驳口线翻折上端的缝份倒向衣片沿衣片缝口缉缝0.1cm明线至翻折处4cm出止打倒针。驳口翻折线以下缝份倒向挂面，沿挂面缝口缉缝0.1cm明线至底边圆角处止打倒针（图9-182、图9-183）。

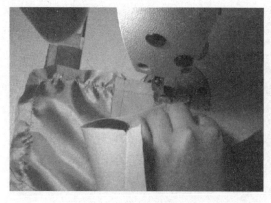

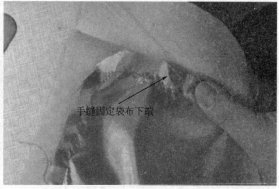

手缝固定袋布下端

图9-178　　　　　　　　　　　　　　　图9-179

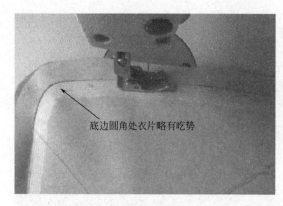

底边圆角处衣片略有吃势

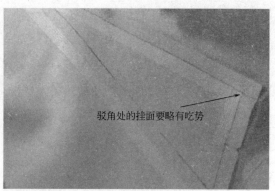

驳角处的挂面要略有吃势

图9-180　　　　　　　　　　　　　　　图9-181

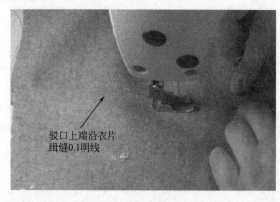

驳口上端沿衣片
缉缝0.1明线

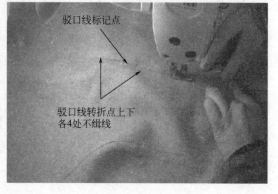

驳口线标记点

驳口线转折点上下
各4处不缉线

图9-182　　　　　　　　　　　　　　　图9-183

　　（3）修剪缝份，驳口翻折上端衣片缝份修剪0.3～0.5cm，挂面缝份修剪为0.6～0.8cm，驳口翻折下端挂面缝份修剪0.3～0.5cm，衣片缝份修剪为0.6～0.8cm（图9-184、图9-185）。

　　（4）将止口驳嘴缝份倒向衣片沿驳嘴净样线缉缝至绱领点处打倒针。修剪缝份0.5cm并将止口向外翻出（图9-186）。

16.翻烫止口

　　驳口线上端挂面向衣片方向吐出预留松量，驳口线下端衣片向挂面方向吐出预留松量，驳角要方正。熨烫挂面底边时要比衣身略短0.3cm（图9-187、图9-188）。

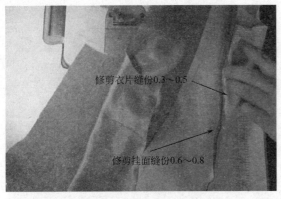

图9-184

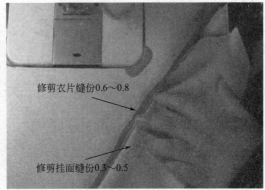

图9-185

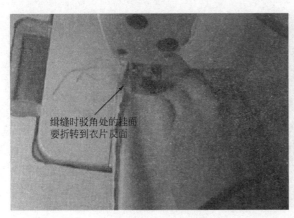

图9-186

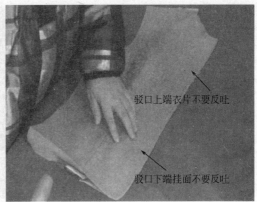

图9-187

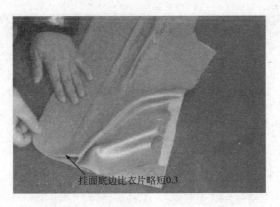

图9-188

17.缝合肩缝、侧缝

（1）将前后衣片正面相对缝合衣片肩缝，前片放在上边，后片肩部中间有0.5cm吃势量。缝合衣片侧缝时腰节、底边剪刀口对齐缝份1cm，起止处打倒针（图9-189、图9-190）。

（2）女西装里布肩缝与侧缝的缝制方法与衣片面布的方法相同（图9-191、图9-192）。

（3）衣服的肩缝、侧缝处面布分缝烫平，里布烫做倒缝，肩缝缝份向后烫倒，侧缝向后片烫倒（图9-193、图9-194）。

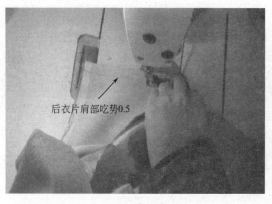

后衣片肩部吃势0.5

图9-189

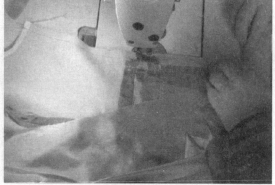

图9-190

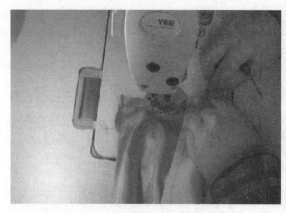

图9-191

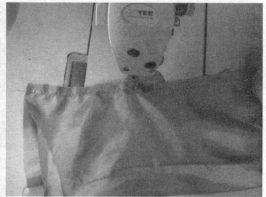

图9-192

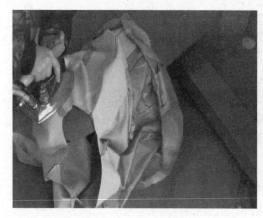

图9-193

图9-194

18.做领

（1）在翻领里上用翻领净样板画出净样线，修剪缝份领外口0.3cm，缲领线1cm，与领座拼接的地方是0.5cm，领中点做标记。翻领面毛裁比领里大一些，预留吃势量。用领座净样板在领座面上画出净样线，与翻领拼接的部位缝份是0.5cm，其余缲领的部位是1cm，并划出肩缝、后领中点的标记，领座里和领座面的放缝方法相同（图9-195、图9-196）。

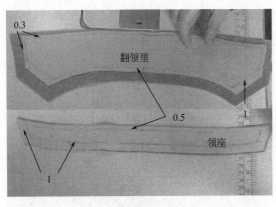
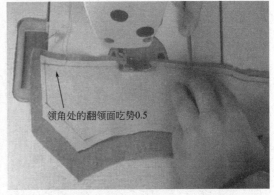

图9-195　　　　　　　　　　图9-196

（2）将翻领面与翻领里正面相对，沿翻领里外口净样线缉缝，翻领面两端领角处有0.5cm的吃势量。缉缝好翻领外口线后，翻到正面，缝份倒向领里，缉0.1cm明线，将领面外口缝份修剪为0.6cm。然后将翻领驳嘴处的缝份向领里折转沿净样线缉缝，翻领面在领角处有0.3cm吃势，修剪领面缝份为0.6cm，并向外翻出，熨烫平整，领里不要反吐（图9-197～图9-200）。

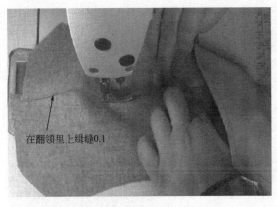
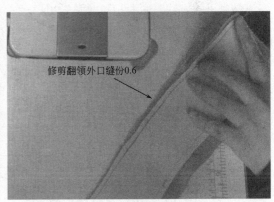

图9-197　　　　　　　　　　图9-198

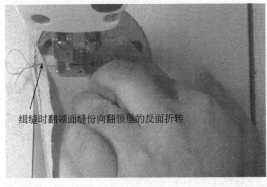

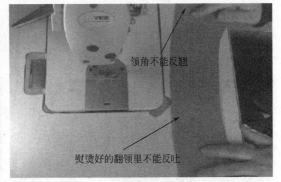

图9-199　　　　　　　　　　图9-200

（3）修剪领面多余的缝份，领里放在上边并卷起沿领里裁片将多余的缝份剪掉，使领面大于领里，留出松量（图9-201）。

（4）将领面与领座正面相对，沿净样线缉缝，两端打倒针，翻领与领座中点的剪口对齐，然后将缝份分开，分别在正面缝口的两边缉0.1cm明线（图9-202、图9-203）。

修剪翻领面下口的缝份时要将翻领卷起

图9-201

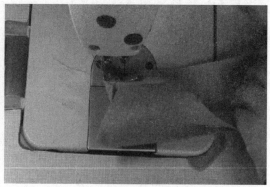

图9-202

19. 绱领

（1）领面与衣身挂面正面相对，沿衣领净样线缉缝，串口线起止处与绱领点对齐，在衣片领口拐角处打剪口缉缝领圈一周，领座肩缝标记点与衣片肩缝线、领中点与后背缝均要对齐。装领里的方法与领面相同（图9-204）。

（2）将衣领与衣片缉缝的缝份分缝烫平，在后领口转角处剪眼刀口（图9-205）。

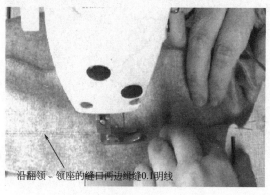

沿翻领、领座的缝口两边缉缝0.1明线

图9-203

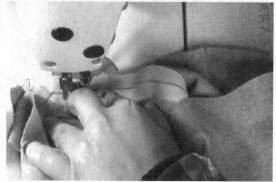

图9-204

（3）将领面与领里分烫后的缝份对齐，用手针固定。整烫衣领定型，左右驳嘴处造型一致（图9-206）。

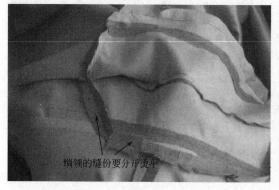

绱领的缝份要分开烫平

图9-205

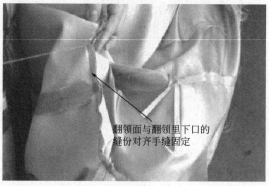

翻领面与翻领里下口的缝份对齐手缝固定

图9-206

20.半成品检查

将做好的半成品服装在模台上试穿，检查半成品的制作效果。检查衣领左右是否对称，胸腰部归拔是否到位，袖窿的形状是否贴合人体体型（图9-207）。

21.做袖衩

（1）将大小袖片的袖口贴边按照净样线向反面扣烫，大袖袖衩部位也要按照净样线向反面扣烫（图9-208）。

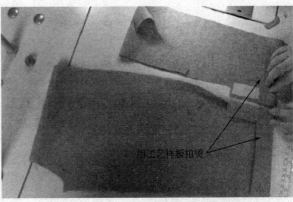

图9-207　　　　　　　　　　　　　　　　图9-208

（2）将小袖袖口折边倒向正面，沿小袖衩缉缝1cm，至袖口1cm处止，并向外翻出，袖衩的角度要成直角（图9-209）。

（3）将大袖袖口折边净样线与袖衩净样线对齐，沿交角的对角线缉缝至袖口1cm处止，将对角线一侧的缝份修剪为0.8cm。缝份分开烫平并向外翻出，袖衩角度要成直角（图9-210）。

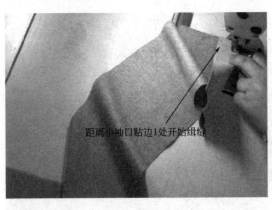
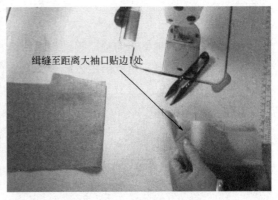

图9-209　　　　　　　　　　　　　　　　图9-210

22.做袖

（1）归拔大小袖片，将内袖缝弧线充分拔开，大袖外袖缝袖山顶部一侧略微向里归烫（图9-211、图9-212）。

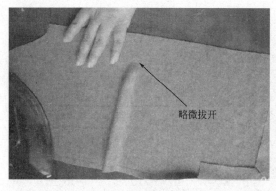

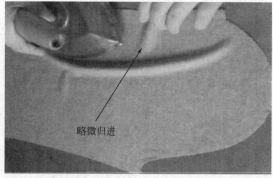

图9-211   图9-212

（2）将大小袖片正面相对缝合内袖缝与外袖缝，缝份分开烫平，袖衩倒向大袖袖片（图9-213）。

（3）将大小袖片里布正面相对，缉缝1cm缝份。缝份向大袖片一侧烫做倒缝。右袖里布内侧缝预留20cm开口（图9-214）。

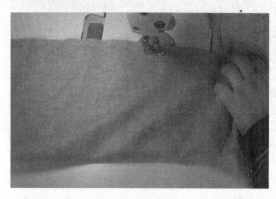

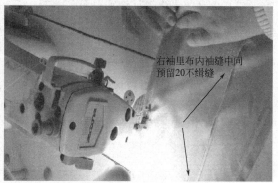

图9-213   图9-214

（4）将袖片与袖里布的袖口正面相对缉缝一周，缝份1cm（图9-215）。

（5）袖口折边缝三角针固定，线迹不要露在正面（图9-216）。

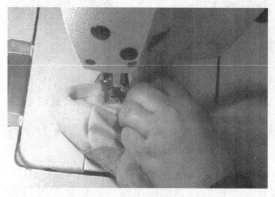

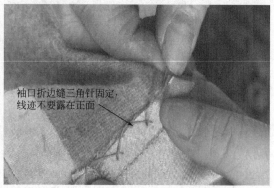

图9-215   图9-216

23.绱袖

（1）抽袖包：将针距调到长针距的位置，从小袖袖底处起针沿袖山缝份缉缝0.5cm，吃势量主要集中在袖山顶点向前5～6cm，向后6～8cm处，吃势均匀（图9-217、图9-218）。

（2）将袖山与袖窿处的绱袖点对齐，用手针绷缝固定袖窿一周，绷线缝份1cm。袖子绷缝固定好之后，翻到正面挂在模台上检查前后袖位是否得当，袖山是否饱满，吃势是否均匀。左右袖制作方法图相同（图9-219、图9-220）。

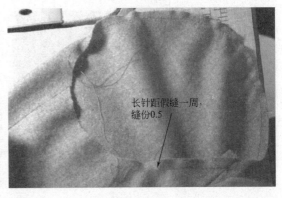

长针距假缝一周，缝份0.5

图9-217

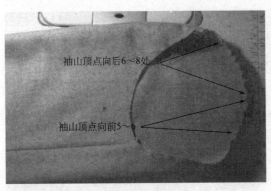

袖山顶点向后6～8处

袖山顶点向前5～6

图9-218

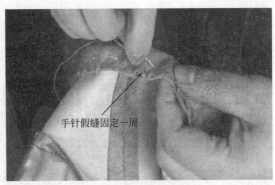

手针假缝固定一周

图9-219

侧面　　　　　　　正面　　　　　　　背面

图9-220

（3）缉袖窿：沿袖窿净样线缉缝一周，缉缝时衣片放在上边，缉线顺直，缝份1cm（图9-221）。

（4）装袖窿条：袖窿条为斜纱，长30cm，宽3cm，袖窿条要放在袖子一侧，垫在袖山中间的部位，与装袖线重合缉线（图9-222）。

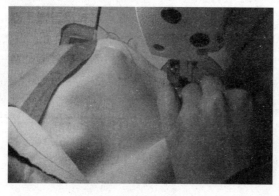

袖窿条放在袖山顶部

图9-221

图9-222

（5）烫袖窿：拆除绷缝固定线，从袖窿的反面烫，缝份向外倒向袖子，熨烫时不要超过缉线，以免破坏袖山造型（图9-223）。

（6）装袖里：将袖里的袖山部位抽袖包，吃势均匀。对好绱袖点沿袖窿边沿缉缝一周（图9-224）。

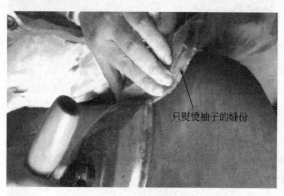

只熨烫袖子的缝份

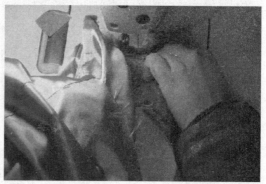

图9-223

图9-224

（7）装垫肩：垫肩的袖山中点对准肩缝，外缘与绱袖缉线缝份对齐，保持垫肩的自然弯曲造型，用双线沿装袖缝份与垫肩绷缝住，松紧适宜，绷线过紧会影响袖窿外观造型。（图9-225、图9-226）。

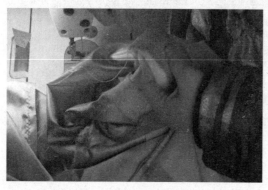

垫肩与肩缝用手针缝合固定

图9-225

图9-226

24.缝合底边

（1）将衣片面布与里布的底边正面相对，缉缝1cm（图9-227）。

（2）缝好的底边要用手针将折边与衣身固定，避免穿着时折边下垂，影响外观效果（图9-228）。

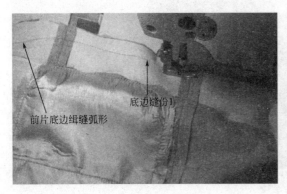

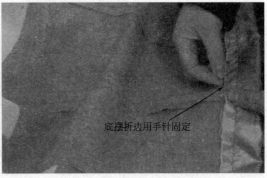

图9-227   图9-228

25.做手针

（1）挂面中间部位与衣身固定，线迹不要外露（图9-229）。

（2）将衣片侧缝与里布侧缝的腋下位置用手针固定，长度为5cm左右（图9-230）。

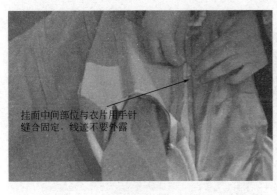

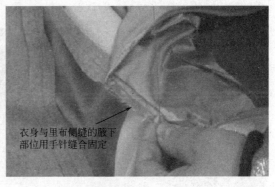

图9-229   图9-230

（3）将衣片肩缝与里布肩缝对齐，用手针固定（图9-231）。

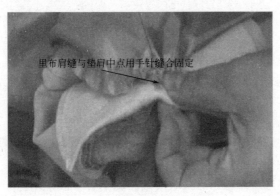

图9-231

26.缝合袖里封口

（1）将做好的衣服从袖里布预留封口处向外掏出。

（2）缉缝袖里布预留封口明线0.1cm（图9-232）。

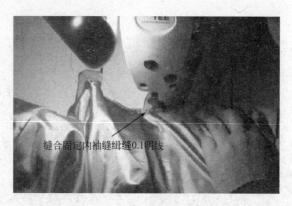

缝合固定内袖缝缉缝0.1明线

图9-232

27.锁眼、钉扣

（1）根据扣眼线钉的位置锁眼，扣眼锁在左侧，衣片反面向上（图9-233）。

（2）钉扣：钉扣线用4股线，线结藏在纽扣与衣片中间，并在纽扣与衣片中间缠绕若干圈，然后套结（图9-234）。

图9-233

图9-234

28.整烫

（1）将内外的缝份线头清剪干净，清理污渍。

（2）烫衣身：将前后衣身展开，前身止口摆直，熨烫平整。侧缝、后背熨烫平服，熨烫底边时不要拉伸，稍微归拢一些（图9-235、图9-236）。

（3）烫领子、驳头：熨烫驳头时，从串口线到驳头的2/3处烫平，其余1/3不烫，以显示状态自然。衣领放在烫台摇臂上，归拢领翻折线熨烫，注意衣领翻折后要盖住领底线。

（4）烫袖子：将袖缝熨烫平服，袖口压烫。袖子不要熨烫出折痕，袖山顶部不要熨烫。

（5）烫里布：将里布不平服、有褶皱的部位烫平。注意熨烫里布时不要将面布烫出新的折痕。

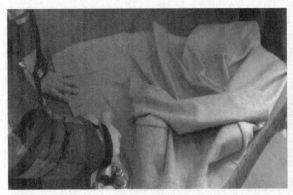 

图9-235　　　　　　　　　　　图9-236

29.成品外观完成照片

女西装的成品外观如图9-237所示。

图9-237

参考文献

[1] 刘瑞璞.女装纸样结构设计原理与技巧[M].北京：中国纺织出版社，2006.

[2] 袁惠芬，陈明艳.服装构成原理[M].北京：北京理工大学出版社，2010.

[3] 刘建智.服装结构原理与原型工业样板[M].北京：中国纺织出版社，2009.

[4] 鲍卫兵.女装工业样板[M].上海：东华大学出版社，2009.

[5] 候东昱，马芳.服装结构设计（女装篇）[M].上海：东华大学出版社，2009.

[6] 宋伟.服装结构设计与纸样变化[M].南京：南京大学出版社，2011.

[7] 徐雅琴.服装结构制图[M].北京：高等教育出版社，2005.